美股 CRYPTOS 通勝2026

王小琛

目錄

1. 2026會是大熊市嗎？

回顧美股過去幾年走勢，自2023年至2025年，整體呈現明顯的「大牛市」格局。不論是科技股的強勢反彈、AI概念的爆發，抑或是資金因利率觸頂而回流股市，這段期間為投資者帶來了前所未見的回報。然而，在盛極而衰的規律之下，市場的周期性更替是不可忽視的現實。進入2026年，是否將迎來一個截然不同的風景？我的答案是：2026年將是一個「大熊市」年份。

這一結論並非單純憑感覺臆測，而是綜合多方面訊號所得，包括八字命理、企業領袖運勢與年度干支格局，三者相互印證，皆顯示出投資環境的不穩定與高風險。

首先，根據我多年對命理與股市趨勢的觀察，2026年對絕大多數人來説並非有利的投資年份。我手上不少八字客戶的命盤顯示，在這一年普遍出現「破財」、「財星受制」等格局。具體而言，10個人中有8人在2026年有明顯破財危機，這樣的比例實屬罕見，也意味著市場環境將極為嚴峻，非一般散戶所能承受。

其次，我特別分析了幾位影響美股市場的重量級企業家命盤，包括NVIDIA創辦人黃仁勳、Palantir Technologies聯合創辦人Peter Thiel、以及Meta首席執行官Mark Zuckerberg等人。

這幾位企業巨頭不僅代表自身公司的命運，也往往牽動整體市場情緒。然而在2026年，他們的命盤皆出現「財庫被破」等不利徵兆，顯示他們所主導的企業可能面臨政策阻力、營收下滑或管理上的重大挑戰。當企業領袖自身處於運勢低谷時，股價的回調便不容忽視。

進一步，從中國傳統干支來看，2026年為丙午年，天干丙火、地支午火，兩者皆屬陽火之象，形成「雙火燃燒」的格局，象徵外在世界火氣沖天、衝突易發。古人稱此年為「赤馬紅羊劫」，意即災難與破壞的能量交錯，對財務與戰爭風險尤為敏感。從大環境角度來看，這樣的年份往往與地緣政治緊張、經濟泡沫爆破，以及突發事件密切相關。若國際間出現「擦槍走火」的情勢，甚至延伸為地區性衝突，將對金融市場造成劇烈衝擊。

不少散戶近年來因市場暢旺而逐漸放大槓桿操作，從信用貸款到期權買入，風險暴露日益升高。然而在2026年這類高風險策略極可能演變為致命災難，尤其在高波動與資金抽離的背景下，更加劇資產蒸發的速度。筆者建議，進入2026年之後，投資策略務必轉趨保守，遠離高槓桿與高波動性資產，寧願錯過一時的反彈，也不要承受無法承擔的虧損。

總括而言，2026年極可能成為美股轉折點的一年，牛市榮光將暫告一段落，而熊市的陰影將逐步籠罩市場。命理、領袖運程與干支格局三者同指一方向，為投資者敲響警鐘。面對這樣一個多重變數交錯的年份，唯有「保守應對、穩中求存」，「小心駛得萬年船」，方能安然渡過風暴。

2. 2026，赤馬紅羊劫？

2026年是「丙午年」，而2027年則是「丁未年」，這兩年命理學中合稱為著名的「赤馬紅羊劫」。在傳統玄學之中，「赤馬紅羊」從來不是吉祥之兆，甚至有不少師傅直言是災劫之年，極易引發國際動盪、市場巨變與政治翻轉。就算平時不接觸命理的普通人，也或多或少聽説過這個説法。

作為一名長期看好美股的研究者，我對2023至2025年這段大牛市充滿信心與肯定。然而，踏入2026年，形勢必然不同。丙午之年，火勢極旺，而火在五行之中具備破壞與動盪的能量，對金融市場尤其不利。儘管仍有部分玄學朋友認為，個別企業家如Elon Musk等的命格在2026年尚算有利，但我認為整體大環境將會明顯轉差，即便財運未全然敗退，也會出現不少衝擊與干擾。

以NVIDIA創辦人黃仁勳為例。他近年財星當旺，連續三至四年財運亨通，股價屢創新高，堪稱AI時代最耀眼的代表人物之一。然而，到了2026年，丙午火重，對其命盤中的「卯木財星」構成強烈洩耗。從命理角度來看，這代表財源易散、運勢回落，公司表現可能由盛轉衰。換句話説，NVIDIA的高光時代，或許在2026年會出現明顯的結束訊號。

那麼，什麼樣的事件可能會引發市場大幅回調？我的判斷是：極可能源於國際大事，尤其是貿易與地緣政治的摩擦升級。當然，不一定出現戰爭。事實上，自2024年以來，國際黃金價格持續上漲，2025年4月更突破每盎司3500美元的新高。這已經是一個非常清晰的市場訊號。黃金的上漲，往往反映投資者對全球局勢的不安與避險需求升高。不需要真正「擦槍走火」，只要言語挑釁、外交制裁、供應鏈中斷、貿易紛爭，已足以震撼市場。

2025年特朗普重新上任總統，並如其以往行事風格般，再度挑起貿易衝突，徵收進口關税，預料2026年的貿易局勢將進一步惡化。這樣的緊張氛圍，不但影響全球資金信心，也會對美股企業營收、估值造成壓力。科技巨頭首當其衝，而散戶更是首批受災者。

除了美國，中國也可能在這兩年間面臨重大事件或轉折。丙火為陽火，丁火為陰火，皆屬極熱之象；午為馬，未為羊，馬奔羊隨，兩者連續出現意味著火勢不減反增。命理上稱這兩年為「火劫連綿」，象徵連續不斷的衝突與震盪。

從歷史角度觀察，赤馬紅羊年並非虛言。例如，上一次出現丙午與丁未，是在1966與1967年，那時正值中國「文化大革命」爆發，揭開了長達十年的政治與社會動盪。更早之前，明末清初的丙午丁未年間，也曾發生朝代更替、民變連連。由此可見，「赤馬紅羊」雖為玄學用語，卻有歷史作為依據。

對於現代投資者而言，2026年最大的風險在於：過度自信與高槓桿操作。許多散戶因近年牛市豐收，開始放膽重押，甚至動用信用貸款與期權交易。這種情況在火年裡尤其危險。因為當市場開始調整，波動率上升，槓桿極易放大虧損，短時間內造成資金斷裂。這時候已來不及補救，追悔莫及。

綜合命理、歷史與市場趨勢，我可以很清楚的說：2026年不是一個可以掉以輕心的年份。散戶應嚴格控管風險，降低槓桿，保持現金流彈性。寧可少賺，也不要因一時貪婪而陷入財務泥沼。

赤馬紅羊年象徵的不是單一事件，而是一整年內環環相扣的變局與波動。從現在起便開始觀察與部署，方能在這場「火年試煉」中站穩腳步，守住成果，靜待風暴過後的重生契機。

3. 2026 CASH IS KING

回顧過往的投資經驗，我越來越相信一個道理：當你正在走霉運時，不動比亂動好；破財運來時，交易往往只會雪上加霜。這不單是從金融市場得來的經驗，更是從命理層面觀察到的規律。尤其當命格顯示有破財之象時，無論再聰明的操作，結果往往都是徒勞無功，甚至虧損加劇。

一句話總結就是：「避凶，就是趨吉。」這句話在2026年尤其適用。

我接觸的客戶中，許多本身就是投資者或企業老闆。經過對他們八字運勢的分析，我一致的建議是：在2026年，應保留大部分現金，避免重注進場。在操作策略上，也應以「保守為上」，減少槓桿，降低持倉比例，並避免貿然換股或追高。即使面對短期反彈，也不宜輕舉妄動，宜觀察形勢、等待時機。

另一方面，若從個股命運來看，曾被視為美股新星的Palantir（PLTR），其主事者的命盤在2026年亦顯示出明顯的不利訊號。從玄學角度解讀，這代表企業核心運勢動搖，市場信心易受動搖。若連高增長科技股都無法維持穩定，那麼整體美股市場亦未必能在2026年繼續「運行有序」。

事實上，早在2022年，我曾在《美股Cryptos通勝2022》中預言當年將是一個熊市年份，並建議投資者減倉保守。當年市場果然大幅回調，許多跟隨策略的朋友因此避過一劫。當時我寫道：「避到股災，你就是股神。」如今看來，這句話依然適用於即將來臨的2026年，只是角色換了，挑戰更大。

總而言之，在風險高企的年份裡，「現金為王」這句話並不是陳腔濫調，而是極具實用價值的投資守則。與其在風高浪急的市場裡冒險，不如在岸上穩守現金，靜觀局勢，再作打算。

至於各大型科技股的運程與具體走勢，請繼續留意後續篇章的深入分析。2026年，我們不求大賺，但求避險、避險、再避險。

4. 2026 GOLD IS KING

當市場震盪、政局不穩之時，資金往往尋求一個避風港。而在歷史多次經濟與地緣政治危機中，黃金始終扮演「資本最後防線」的角色。踏入2026年，我傾向認為：黃金將繼續成為王者。

1. 美國情況：黃金為避險主軸

2025年，美國政壇風雲再起，前總統特朗普重返白宮。上場不久，便火速重啟其標誌性的單邊貿易策略，大規模對外國商品加徵關稅，尤其針對中國製造業，部分商品甚至被課以超過200%的高稅率，導致全球供應鏈動盪不安。

當中受影響最深的，是美中之間的貿易樞紐，包括電子零組件、光電、汽車零部件與醫療設備等。各國被迫調整出口結構，原本穩定的國際貿易格局被徹底打亂。這些政策不但重創跨國企業，更直接動搖全球金融市場的根基。

與此同時，美國國內的財政赤字問題也愈演愈烈。自2022年起，美國國債規模持續擴張，至2025年4月為止，債務已逼近GDP的130%，被市場普遍視為「債務危機」的前兆。由於美聯儲難以同時兼顧通脹與經濟成長，政策工具受到明顯掣肘，整體信心進一步受損。

在此背景下，黃金價格持續攀升，2025年4月一度突破每盎司3500美元，創下歷史新高。這不只是數字上的突破，更反映出市場對未來的不確定感與對法幣信用的質疑。

那麼到了2026年，黃金是否會繼續創高？我不能輕言肯定，因為每次創高之後，總會有技術性回調。然而我要説的是：2026年所面對的風險，遠比2025年更為嚴峻。

從干支角度來看，2025年乙巳年只是動盪的開始，2026年丙午年才是真正的主戲——「赤馬之年」火氣沖天，衝突四起，是危機全面爆發的時間點。因此，黃金仍是最值得信賴的避險工具。

2. 火命之人，如何避險？

從命理角度來説，2026年為丙午年，即天干丙火、地支午火，火氣之重可謂極致。對於八字屬火、尤其是身旺的丙火人與丁火人而言，這一年可説是破財高風險年份。

原因何在？五行之中，火克金，金即為火人的「財星」。當流年火氣太重，財星易被熔化、洩盡。簡言之，就是「錢守不住」，特別容易出現投資錯誤、資金失控、財務危機等狀況。

筆者有一位老朋友，正是一位典型的丙火日主，身旺格局。她近年在港股與美股市場投資都頗為不順，不是被套牢，就是追高殺低。早在2023年，我便建議她每月發薪後，撥出一部分固定資金購入實體黃金或金ETF。一方面可作為分散風險的配置，另一方面亦因金屬屬金，正好補救她八字火旺無制之格。

結果如何？她從金價1800美元開始分批買入，至今已累積可觀漲幅。以2025年4月金價計，黃金已升至3500美元以上，即便有回調，整體仍處於上升通道。相對地，股票市場卻是跌聲連連，尤其美股科技板塊在特朗普的貿易政策打擊下，多數已經回吐過半。

這樣的做法，算不算是某種「後天改運法」？或許可以這樣理解。命理雖不能改變整體大運，但可透過順勢而為、擇時而動，來調整自身資產配置與生活節奏，達到趨吉避凶的效果。對火旺之人而言，2026年多買金、少炒股，或許正是一條明智的生財保命之路。

2026年是危與機並存的一年，但這一年，「黃金」的角色極可能超越其他所有資產，成為保值避險的王者。無論是從國際金融局勢、貿易戰升級、地緣政治風險，還是從命理格局分析，黃金都展現了極強的抗風險能力。尤其對於命格偏火之人，更應謹慎投資，慎選配置，以金養財、以靜制動，方能在風暴來臨時，保得一身周全。

如果大家覺得實金太貴，不妨考慮黃金ETF。但我必須強調，由於ETF價格都會很波動，大家最好等黃金價格有回調才購買。亦有讀者擔心，黃金ETF不及實黃金安全?我只能建議，在選擇黃金ETF上，選擇比較有大成交額及成交量的ETF，只能小注為宜，避免ALL IN。

以下黃金ETF可作參考：

名稱	代號	價格	漲跌幅
科爾黛倫礦業	CDE	6.850 6.840	+19.13% -0.15%
B2Gold	BTG	3.100 3.100	+13.14% -0.02%
Silvercorp Metals	SVM	3.730 3.611	+10.36% -3.19%
Equinox Gold	EQX	6.220 6.210	+10.09% -0.16%
Sibanye Stillwater	SBSW	3.730 3.790	+10.03% +1.61%
2倍做多金礦指數E...	NUGT	48.430 48.620	+9.57% +0.39%
SSR Mining	SSRM	5.800 5.850	+8.82% +0.86%
MAG Silver	MAG	13.690 13.690	+8.74% +0.00%
Fortuna Silver Mines	FSM	4.720 4.718	+8.51% -0.04%

名稱	代號	價格	漲跌幅
B2Gold	BTG	3.005	+9.67%
科爾黛倫礦業	CDE	6.200	+7.83%
2倍做多金礦指數E...	NUGT	47.080	+6.52%
Equinox Gold	EQX	5.975	+5.75%
Sibanye Stillwater	SBSW	3.579	+5.57%
MAG Silver	MAG	13.240	+5.16%
Fortuna Silver Mines	FSM	4.545	+4.48%
哈莫尼黃金	HMY	9.175	+4.38%
Silvercorp Metals	SVM	3.525	+4.29%
PureFunds ISE初...	SILJ	11.861	+4.14%

5. 2026 TSLA吉凶參半，卻「一枝獨秀」？

若要論當代最具話題性、人氣最高的美股企業，Tesla（TSLA）必然名列前茅。從大戶到散戶，從科技信徒到夢想追隨者，TSLA是許多人心中通往財富自由的象徵。特別是過去數年間，在電動車革命與人工智慧熱潮的雙重加持下，TSLA一度扶搖直上，市值飆升至萬億美元之列，堪稱華爾街的明星級代表。

但如同命運有起有落，股價的起伏也從來不只是線性。我早在《2022年美股Cryptos通勝》一書中已預測，TSLA自2022年起便將進入一段破財運，數年間高低起伏、跌宕起伏，正如散戶心情也如過山車一樣，有時信心滿滿，有時驚魂未定。

到了2026年，是否終於迎來轉機？或依然身陷震盪？可以說，這一年，TSLA的運勢呈現出典型的「吉凶參半」格局。

不過，在研究各巨頭的八字盤中，Elon Musk竟然是2026年眾多巨頭之中，運勢算是比較好的一位，難道在熊市中，他能「一枝獨秀」？

一、命理分析：Elon Musk的2026流年運勢

根據Walter Isaacson著作《Elon Musk》的記載，Elon Musk出生於1971年6月28日上午7：30，也就是戊辰時。以八字推算，

他為甲木日主，生於午月，年干辛金、時柱戊辰。初看之下似為身弱格局，但實則亥水與辰土中藏木根，加上辰為水庫，整體來說身不算太弱。

日期	時柱	日柱	月柱	年柱	大運	流年
歲 年	【點擊六柱干支可看提示】				48歲 2018	56歲 2026
天干	戊 才	甲 元男	甲 比	辛 官	己 財	丙 食
地支	辰 才劫印	申 殺梟才	午 傷財	亥 梟比	丑 財印官	午 傷財

流月干	庚殺	辛官	壬梟	癸印	甲比	乙劫	丙食	丁傷	戊才	己財	庚殺	辛官
流月支	寅比	卯劫	辰才	巳食	午傷	未財	申殺	酉官	戌才	亥梟	子印	丑財

他的命格中，午火為傷官星，具備超常創造力，是典型的「以才壓官、以智取勝」格局。創業精神旺盛，對技術與創新極度執著，能日夜工作不輟，也正是這種「傷官配殺」的結構，成就了他今天的科技帝國。

然而，來到2026年——丙午年，午火重臨，火氣旺盛，命理中出現了幾個關鍵變化：

丙辛合，官星受制。辛金為其官星，代表事業、聲望與制度。丙火與辛金相合，形成「合而化火」之象，導致官星失力。這可能意味著Musk的職位、名譽或領導地位會受到某種牽制或爭議。例如，可能出現內部決策挑戰、高層更動、監管糾紛等。

原局克制結構失衡：辛金原本制衡月柱甲木，遏制其過強的劫財勢力。然而丙火一合，辛金削弱，劫財再起，財庫難守，表示Musk可能因判斷錯誤、項目拖延或外部環境惡化而有破財跡象。

不過，也並非全然負面。從命盤大運看，Musk正處於己丑正財運，大方向上仍以財星旺相，為可任財之勢。加上2026年的午火也能生旺己土，代表雖然震盪不免，但仍有資源與貴人支持，有望化險為夷、轉危為安。若運用得宜，甚至能在危機中捕捉轉機。

二、TSLA股價走勢與流月建議

從市場面觀察，2026年若判定為「熊市年」，TSLA作為估值偏高、波動性強的成長股，自然難以獨善其身。特別是經歷數年高速增長後，市場對其未來增長的要求與審視將更加嚴苛。一旦技術進展未符預期、或全球供應鏈再受干擾，資金勢必快速撤離。

然而從命理來看，2022至2025年的木年已結束，這段期間正是TSLA的大破財期。2026年起雖有短期波動，但整體財氣已較前幾年穩定，並非完全不利。

尤其進一步細看2026年的流月運勢，TSLA的股價走勢很可能呈現「上半年偏弱，下半年好轉」的態勢。

2月下半月、6月上半月：財星受損，破財之象明顯，宜避高操作，甚至可伺機減倉。

7月上半月：延續破財格局，適宜觀望為主，勿盲目抄底。

10月：財氣轉旺，有機會迎來一波反彈或中期修復，適合短線操作或分批建倉。

因此，整體而言，2026年操作TSLA仍需講究節奏與時機。若能在流月中擇機而動，避開波動高點，仍有機會從中獲利。

三、TSLA的技術佈局與未來方向

雖然短期內市場氛圍偏空，但若將目光拉長，TSLA仍具備數個長期利基優勢，這些技術佈局構成其價值支撐。

電動車（EV）：TSLA是全球電動車產業的開創者與領航者，擁有Model S、3、X、Y全線產品線與業界領先的電控系統與電池管理。

能源儲存（Battery & Energy）：透過Megapack、Powerwall等產品，Tesla積極推動全球儲能系統佈局，為可再生能源穩定供應提供基礎。

自動駕駛（FSD & AI）：TSLA在全自動駕駛技術方面處於全球領先地位，其AI演算法訓練架構已建立起自成一格的資料閉環。

製造技術（Gigafactories）：其超級工廠計劃遍布全球，擁有高度垂直整合生產效率，降低成本、提高量能，是難以輕易被複製的護城河。

機器人與人工智慧（Tesla Bot）：Optimus人形機器人若能落地，將顛覆勞動力市場與智慧工廠結構，為TSLA打開全新成長空間。

總結：吉凶參半，靜中求動

綜合命理與技術層面分析，2026年對TSLA而言並非絕對利空的一年，但確實處於動盪交界之時，整體吉凶參半。對投資者而言，此時不宜過度樂觀。關鍵在於擇時、觀勢與審慎操作。

這一年可能不是財富爆發的一年，但若能看清趨勢、掌握節奏，或許能在混亂中尋得穩定收益的契機。特別對於那些早已與TSLA同行多年、了解其風險與潛力的投資者而言，2026年也許是一次心態與策略的進化修行。

儘管面臨電動車市場競爭加劇和銷售下滑的挑戰，投資者對TSLA駕技術和人工智慧（AI）業務的潛力仍抱有高度期待。

2025年第一季度，特斯拉交付約33.7萬輛汽車，較去年同期下降13%，創下歷史最大跌幅。中國市場的銷量也同比下降15%，使得全年銷售預測從180萬輛下調至170萬輛。此外，汽車毛利率降至12.5%，為2012年以來最低水平。

然而，特斯拉在自駕技術上的進展為其未來增長提供了希望。其全自動駕駛（FSD）軟體在測試中有94%的行程無需人工干預，顯示出技術的成熟度。公司計劃於6月在德克薩斯州奧斯汀推出無人計程車服務，這可能成為新的收入來源。

展望2026年，特斯拉的自駕技術商業化將成為關鍵。ARK Invest預測，特斯拉的股價可能達到4,600美元，主要受益於自駕計程車業務的增長。這一預測也存在風險，因為自駕技術的法規和市場接受度仍不確定。

為了實現完全自動駕駛（FSD）的目標，特斯拉開發了自家的Dojo超級電腦，用於訓練其神經網絡。Dojo的設計旨在處理大量的視覺數據，加速AI模型的訓練速度。特斯拉計劃在2026年推出Dojo　3，並在同年生產300至400萬顆AI5晶片，這將使其成為全球最大的AI推論晶片製造商。

此外，特斯拉在能源儲存和太陽能業務上的擴展也將影響其未來表現。特斯拉的能源部門在2025年第一季度部署了10.4 GWh的儲能產品，年增長率達154%。其中，Megapack大型儲能系統的需求激增，特斯拉在德州布魯克郡（Brookshire）新建的電池工廠預計將於2026年初投產，年產能可達20 GWh，並可擴展至40 GWh。此外，Powerwall家用儲能系統的部署量也首次在單季突破1 GWh，顯示出家庭用戶對能源自主性的需求日益增加。

特斯拉正處於轉型的關鍵時期。雖然面臨銷售下滑和競爭加劇的挑戰，但其在自駕技術和能源業務上的投資可能為未來帶來新的增長動力。特斯拉在能源、人工智慧、保險和機器人等領域的積極佈局，展現了其成為綜合性科技公司的雄心。但是，這些新興業務仍處於發展初期，面臨著技術挑戰、市場接受度和監管政策等多方面的不確定性。

6. 從紫微斗數看 Elon Musk 2026年運程

陸偉傑

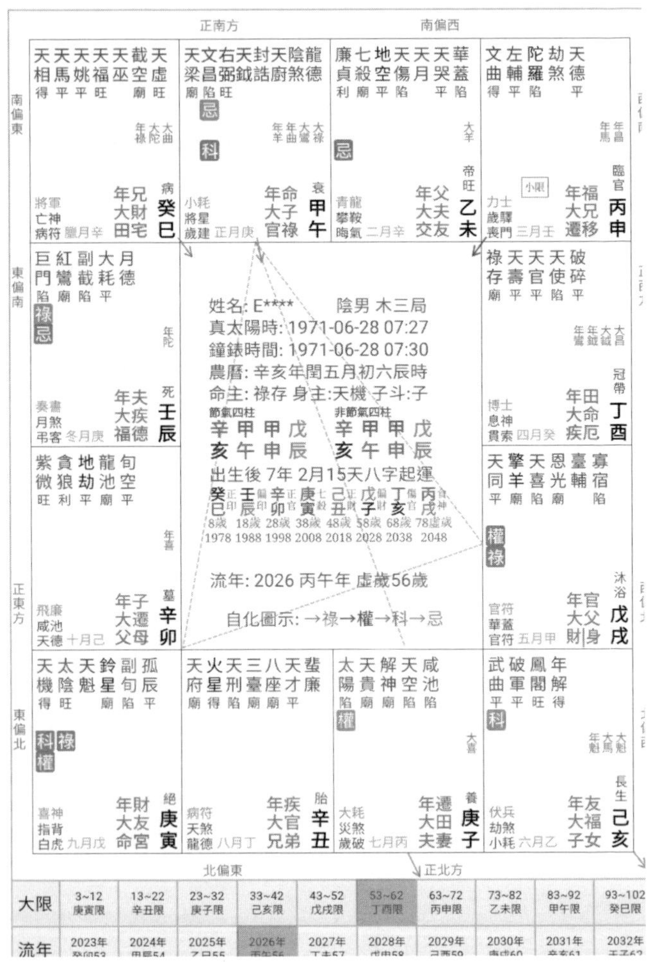

作為全球最受矚目的企業家之一，Elon Musk 的一舉一動不僅牽動股市，更影響科技、能源與人工智慧等多個領域的走勢。本文將透過紫微斗數命盤，分析他在2026年丙午年的財運與事業發展，並從大限與流年的互動之中，預測其潛在的得失與危機。

Elon Musk 出生於1971年6月28日早上7時30分，出生地為南非普勒托利亞。根據此時辰，其紫微命盤所呈現的格局，可見其命格本身便具備極高的創造力與突破力，而這些特質亦充分體現在他橫跨太空、電動車、人工智慧、腦機介面等多重事業中的表現。

一、2025年：破財與官非之年

先從2025年說起。根據紫微斗數推算，Elon Musk 於該年大限子女宮對應本命官祿宮，官祿宮主事業與職位。子女宮則可解作投機、風險性操作。此一格局意味著他的事業發展深受投機活動影響，若投資策略失誤，將對其職業聲譽與整體事業造成直接衝擊。

更令人關注的是，其本命官祿宮坐有天梁與文昌化忌。天梁本為清廉正直之星，但遇化忌則可能象徵受人誤導、處理不當或涉入不利的文件問題。文昌化忌則與合約錯誤、決策偏誤、資訊失真相關，甚至潛藏被合作者出賣的風險。這些徵象合併，預示其在2025年恐有因判斷錯誤而引發的投資失利，並可能波及到聲譽與法律風險。

同時，大限田宅宮被子女宮化忌所沖，此象主破財，尤其牽連家產、資產或不動產部分的損耗。由此推斷，Elon Musk 於2025年極有可能因擴張計劃、跨國併購、或新項目投資失利而造成重大財務壓力，應期或落在陽曆4月或10月。

二、2026年：機中有危，財運略勝前一年

相較於2025年，2026年丙午年為Elon Musk 在大限中的轉折年。此年流年化科落於大限子女宮，為一吉星，有助於緩和子女宮（即投機投資）所帶來的忌沖效果，因此破財幅度有望減輕。然而，這並不表示可掉以輕心，因為從命盤整體格局來看，機會與風險仍然並存。

大限疾厄宮見化忌，本命官祿宮又坐天梁，形成「刑忌夾印」的結構。這代表Elon Musk所掌控的財帛宮受刑沖之厄，暗示著財務管理上容易出現問題，例如帳務複雜、現金流不穩、法律或稅務上的糾紛。若未妥善處理，將進一步侵蝕事業根基。

2026年丙午流年之兄弟宮重疊大限財帛宮，從命理上解釋為「與人合作致財損」。即使表面上合作關係良好，甚至有客戶信心或市場資金進駐，但在實際操作上，仍潛藏成本擴張、分潤失衡或決策分歧等問題。若處理不慎，不但收益不如預期，反而可能虧本收場。

三、傲氣與擴張：貪念之下的隱憂

2026年的另一特點，在於流年財帛宮落入大限交友宮，且該宮坐有化祿與化科兩顆吉星。從象意來看，這表示 Elon Musk 在本年度將受到外部資源支持，包括投資者、合作夥伴、社群粉絲或公眾資金的積極投入，為其事業帶來推動力與資金流入，財運因此有顯著回升。

但吉星背後亦隱藏危機。由於大限田宅宮仍受化忌沖擊，

若 Musk 因為受支持聲浪所鼓舞，而貿然擴張事業版圖，如開設新Giga Factory、投入人形機器人全自動產線，或大舉併購科技公司，那麼這些動作極有可能成為導致破財的根源。此象可歸結為「機中有劫，旺中藏險」。

四、2027年：由盛轉衰，破大財之年

若延伸觀察至2027年丁未年，情況更令人憂慮。流年財帛宮見地劫星，並與紫微、貪狼兩星同宮，為「貪狼逢劫」之象，極易因貪求擴張或高估自身實力而導致重大損失。紫微主權貴，貪狼主欲望，地劫為破耗星，三者同宮時往往是因個人主觀決策、名利傾向，導致過度擴張，最終無法收場。

此年需特別警惕因「面子問題」而硬撐局面，例如持續投入虧損部門、拒絕縮減不利業務，導致整體資金鏈承壓。對於任何一位企業家而言，這將是一次極大的挑戰。

總結：2026年稍勝2025，但風險未除

綜合命盤與流年格局可見，Elon Musk 在2026年的財運雖略優於2025年，但並不等於安全穩定。此年事業表現與財務流向受合作關係與外部資源影響甚大，得失之間常只隔一線。若其傲氣與擴張慾望未受節制，極可能將一時的支持力量轉化為未來的財務重擔。

對於 Elon Musk 而言，2026年應採保守策略，理性評估事業擴張步伐，慎防過度槓桿或資本運作，方可延續過去十年的盛世榮光。若能以化科之氣為引，化忌為用，則或有機會以柔克剛，在變動中找到新平衡。

7. 股王NVIDIA、黃仁勳流年財運結束？

如果你早在《美股Cryptos通勝（2022~2023）》出版時就開始追蹤我的文章，相信還記得我曾明言：NVIDIA的創辦人黃仁勳即將行財運，而Tesla的Elon Musk則步入破財運。事後驗證，NVIDIA的股價節節上升，不但於AI浪潮中拔得頭籌，更在2024年一度超越蘋果，登上全球市值最高上市公司的寶座。而TSLA在同一時期因股價反覆震盪，不少散戶哀鴻遍野。

如今，來到2026年丙午年，筆者必須提醒各位：黃仁勳的「流年財運」已經結束了。當然，這並不代表NVIDIA從此一蹶不振，或股價將全面下跌，而是從命理角度看，「連走幾年的木財流年」在2025年結束，將2026年的格局轉入新階段。

一、木年財運告一段落，2026轉為震盪年

從2023年至2025年，NVIDIA行入黃仁勳八字中的木財流年。由於黃仁勳本命為辛金日主，命盤中被多重寅木、卯木財星包圍，財氣旺盛。加上年干癸水為食神，食神生財，成就了股價與市值齊升的「財星當旺」格局。

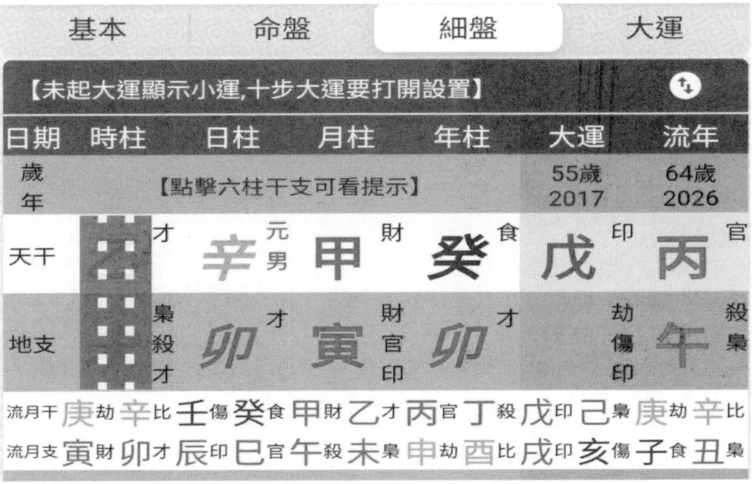

基本 命盤 細盤 大運

【未起大運顯示小運,十步大運要打開設置】

日期	時柱	日柱	月柱	年柱	大運	流年
歲 年	【點擊六柱干支可看提示】				55歲 2017	64歲 2026
天干	才	辛 元男	甲 財	癸 食	戊 印	丙 官
地支	梟殺才	卯 才	寅 財官印	卯 才	劫傷印	午 殺梟

流月干	庚劫	辛比	壬傷	癸食	甲財	乙才	丙官	丁殺	戊印	己梟	庚劫	辛比
流月支	寅財	卯才	辰印	巳官	午殺	未梟	申劫	酉比	戌印	亥傷	子食	丑梟

這段期間不僅是NVIDIA的股價爆發期，更是AI科技全面躍升的時間點，黃仁勳的演講頻頻登上媒體頭條，成為市場公認的「AI股王」。2024年10月25日，NVIDIA市值一度突破3.53兆美元，超越蘋果的3.52兆美元，創下公司歷史新高，標誌著財運已然來到巔峰。

但進入2026年後，木氣不再當令，丙午年火氣旺盛，泄木的財氣，雖不至於馬上大跌，但勢必影響整體運勢。筆者必須指出，這一年是「流年財運結束」之年，但並非長線悲觀，而是短線必須小心資金震盪與市場估值調整。

二、2027年後大運最旺，NVIDIA邁向黃金十年

雖然2026年為過渡之年，但2027年之後黃仁勳將行入丁未大運，這是一個極具潛力的大運期。未土與命盤中的卯

木合成木局，成為格局中最強的財庫組合；丁火亦為財格所喜之官殺星，能引動貴氣、權力與名望。此一階段，預料是他事業上登峰造極的十年，甚至可能帶領NVIDIA跨越傳統半導體業界的邊界，真正成為全球科技霸主。

只是慎防有金的流年，破其旺局。

以紫微命理論，此一格局可視為「富貴雙全、財官並進」。對企業家而言，這不僅是財運亨通，更是「政策利、多方扶持、科技突破」的天時地利人和之象。筆者甚至認為，將黃仁勳與Steve　Jobs相提並論並不為過；若從創新領域的深度與對未來布局的廣度來看，黃仁勳甚至更勝一籌。

三、NVIDIA不只是「搞晶片的那間公司」

市面上有不少投資者將NVIDIA視為一家「晶片公司」。但事實上，這家公司早已跳脱傳統半導體的框架，進軍多個「下世代產業」的戰略領域：

1. AI × 人型機器人：GROOT N1問世

黃仁勳在多次公開演説中強調：「通用人型機器人的時代已經來臨。」NVIDIA於2024年正式發布GROOT N1——全球第一款開源、可客製化的通用人型機器人基礎模型。該模型結合雙神經架構與模仿人類認知邏輯的AI系統，是機器人產業鏈的重大突破。

這項技術將推動包括感測器、機器視覺、動力單元、控制算法、機械手臂等多個供應鏈板塊的發展，未來可望全面補上全球勞動力短缺，成為接棒AI晶片的第二成長曲線。

2. 自動駕駛：與GM合作新生態

除了AI與機器人，NVIDIA亦積極與傳統汽車製造商合作，開發全新自動駕駛方案。通用汽車（GM）已確認與NVIDIA共同開發下一代智能車隊，由NVIDIA提供核心軟硬體支援，建構完整的感知、決策與控制模組。

這顯示了NVIDIA不再只是供應端角色，而是正逐步進入終端產品的價值鏈中心。

四、命理分析：假從財格與運勢波動點

根據黃仁勳已知的命盤，為辛金日主，財格明顯。若以八字推理，雖然不知其時柱，但從事業成就與資產規模來看，很可能為假從財格。此種格局的人，重視資本流動、擅長資源整合，且有強烈「見財就追、能拼就上」的個性，堪稱典型的科技企業冒險家。

此類命格的人，最怕的是金比劫太重，或木運失勢之年，因為這會造成財星失勢、競爭加劇，破財之象容易浮現。而在2026年這種非木運之年，就屬典型「運勢轉弱」的年份，須慎防暗箭破財。

五、2026流月點：吉凶月份一覽

根據命盤流月推演，2026年黃仁勳的財運變化可見下列幾個節點：

財運佳月份

3月下半月、7月——可以趁機小賺一筆。

破財高危月份

9月、12月——破財星出現，慎防股價有落。

這一年應以「守中有攻、穩中求進」為策略。過度擴張恐成風險，但若善用貴人力量與社會信任，仍能維持科技領先優勢與資金穩定流入。

結語：緊握趨勢，隨大運而行

總結來說，2026年將會是黃仁勳與NVIDIA的關鍵轉折點：財運流年結束，進入震盪盤整期；但大運即將來臨，2027年之後開始將行入頂峰運，財權雙進、聲勢空前。

在此過渡期，投資者要放下對高成長的幻想，轉而關注現金流、毛利結構與戰略部署的穩健性。若能渡過2026年的市場與命運考驗，NVIDIA將不只是AI的領導者，更將成為AI×機器人×自駕生態鏈的核心中樞，橫跨多元產業，締造未來十年的科技霸權。

投資者不妨謹記一句命理諺語：「財運止步非終結，順勢而為可轉吉。」

在AI浪潮驅動下，NVIDIA以驚人的成績再度刷新市場對科技巨頭的想像。2025財年，NVIDIA營收達到1,305億美元，年增幅高達114%，淨利潤與每股盈餘（EPS）亦分別暴增130%與147%。資料中心業務成為營收火車頭，全年貢獻高達1,151億美元，年增142%。AI運算需求的爆發力，讓NVIDIA

穩坐全球AI基礎設施的核心供應商。

2025年，Blackwell架構GPU正式大規模出貨，單季銷售額超過110億美元，成為公司史上成長最快的產品。AI訓練與推理市場對高效能運算的渴求，讓NVIDIA與Google、微軟、Meta、Amazon等科技巨頭的合作關係更為緊密。AI工廠、推理AI、GPU加速資料中心等新應用場景，正推動企業資本支出向AI基礎建設傾斜。

展望2026財年，NVIDIA預計第一季營收可達430億美元，毛利率維持在70.6%至71.0%的高檔水準。瑞銀等機構預估全年營收有望突破1,468億美元，EPS約4.22美元。儘管美國對H20GPU的出口管制及供應鏈瓶頸帶來短期壓力，但Blackwell產品線需求持續強勁，AI技術普及將進一步推升資料中心資本支出。

不過，市場對毛利率下滑的敏感度也在提升。2025年Q4毛利率73%，較去年同期下滑3個百分點，市場擔憂高成長能否轉化為持續高獲利，財報公布後股價短線出現明顯回檔。

NVIDIA面臨的挑戰也不容小覷——供應鏈瓶頸、地緣政治風險、競爭對手技術追趕，均可能對短線表現構成壓力。然而，AI產業的長期趨勢與NVIDIA在軟硬體生態的主導地位，讓其在全球AI基礎設施升級浪潮中居於不可取代的位置。Blackwell架構的成功推廣，將進一步鞏固NVIDIA在AI訓練與推理市場的領導權。

NVIDIA正站在AI產業革命的風口，2025、2026年財報數字與產業動能均展現出色韌性。儘管短線估值與毛利率波動帶來市場雜音，但長線投資人無疑將目光鎖定於其技術領先與產業話語權。

8. Palantir梟印奪食，利益受損

如果你讀過我撰寫的《美股通勝2024》，應該會記得我在書中特別提到過：「下一個NVIDIA的BB，就是Palantir Technologies（PLTR）。」當時這個預測或許還只是業界耳語，如今回頭看，那些在2023或更早建倉的人，應該已經獲利數倍。這是一家將幻想小說的世界觀轉化為數據力量的公司，也是一家擁有未來潛力的資訊分析霸主。

Palantir成立於2003年5月，由矽谷重量級人物Peter Thiel主導創辦。這家公司以托爾金小說中的魔法神器命名，從名字開始已註定不凡。公司初期致力於為美國政府提供反恐與國防相關的數據支持，核心產品「Gotham」專門服務於國安與情報單位，堪稱「AI＋國防」的先驅。後來另一款產品「Foundry」誕生，則成功拓展商業應用市場，為醫療、能源、製造、金融等企業客戶提供量身定制的數據分析系統。

隨著人工智慧與大數據時代來臨，Palantir憑藉其高度整合與安全保障的數據處理能力，迅速攀升為美股中最受矚目的科技新星之一，股價也在2023-2024年間迎來十倍以上的暴漲。

Peter Thiel的2026年命運：梟印奪食，火土壓身

那麼，我們關注的重點來了——2026年丙午年，Palantir還有沒有戲？Peter Thiel的流年運勢又如何？

Peter Thiel為戊申日主，生於戌月土旺之時，加上命盤中再見未土，全局厚土成勢，為「身旺格」。再加上月干庚金為食神，不僅能有效疏洩戊土之旺，亦能生財化氣，可謂是「食神生財」之命格，適合創業、發展投資事業，並常能在信息領域掌握優勢。

關鍵來了——他忌火土，喜金水。

而2026年為丙午年，火旺之年，午火當令。對一個以食神為主、重土的命格而言，這樣的年份便構成了典型的「梟印奪食」格局。什麼是梟印奪食？即偏印星過旺，將本該有的生財之路（食神）奪去，導致運勢低迷，甚至出現錯判形勢、投資失利、與合夥人爭執、陷入司法或商業風波等狀況。

當然，我不認為Peter Thiel會遭遇極端情況（例如官非或牢獄），但從命理角度而言，2026年對他個人及其領導的Palantir而言，必然是多事之秋，需格外小心外部風險與內部資金操作。

Palantir股價：可能回調，亦是機會

由於創辦人運勢不利，再加上2026年整體為「火氣過盛」的年份，科技股估值普遍受壓，散戶信心恐動搖，Palantir的股價極有可能於此年出現明顯回調或震盪走

弱。

對真正懂得趨勢者來說，這未必是壞事。你可能會感到失望——「不是說這是下一個NVIDIA嗎？怎麼跌了？」但其實，市場從不會給人兩次明牌，唯有懂得等待與布局，才能真正賺到下一輪翻倍機會。

要點是，如果網友在2024年錯過Palantir的十倍升幅時，感嘆「來不及上車」，到了2026年，如果股價大幅回調，又回到合理區間，這不就是老天再給一次機會嗎？

第一次錯過固然可惜，若然第二次還是錯過，那就真的錯過命運安排的機會了。

Palantir 2026年流月財運預測：

4月—流月中帶財氣，利於股價反彈。

5月—餘勢仍存，可持續觀察合作與資金動向，視為短線操作良機。

結語

Palantir並非泡沫式炒作，它有實質業務、深厚技術與政策資源的雙重加持。Peter Thiel雖在2026年流年不利，但這反而為理性投資者創造出中長期重新進場的機會。市場終將回歸基本面，真正有價值的公司，不怕一時修正。

記得一句話：高峰的門票，從低谷開始發售。

9. 是「官商勾結」？還是科技國力的延伸？

提起「官商勾結」這四個字，往往容易令人聯想到利益輸送、不公平競爭，甚至腐敗。但若換個角度思考，若企業與政府之間的聯繫是建基於專業能力與戰略信任，那麼「朝中有人好辦事」的說法，或許便多了一分中性的實用意義。Palantir Technologies（Palantir）正是這類企業的典型。

這家創立於2003年的大數據與人工智慧分析公司，不僅技術實力堅強，在政府層面的「關係網」更是盤根錯節，幾乎可以說是「半個白宮科技部隊」。而這張錯綜複雜的網絡背後，站著一位關鍵人物——Peter Thiel。

一、從Peter Thiel到副總統：一條「導師－資助者－國政高層」的通道

Peter Thiel是Palantir及PayPal的聯合創辦人，更是一位深具戰略眼光的投資家與政治參與者。他早年便展開對科技與保守主義的雙重佈局，其中最具象徵意義的一條脈絡，便是他與現任美國副總統James David Vance（JD Vance）之間的深厚關係。

兩人相識於2011年，當時Vance還是一位年輕的耶魯法學院學生，受Thiel演講啟發後投身創投領域。2017年

起，Vance加入Thiel的創投公司Mithril Capital，在Thiel的栽培下迅速崛起。更重要的是，Thiel在2022年為其參議員競選注資高達1500萬美元，為Vance的政治生涯鋪平了路。

隨後，Thiel將Vance引薦給特朗普（Donald Trump），促成雙方的結盟。2024年總統大選中，Trump捲土重來成功當選，JD Vance亦順理成章成為副總統。這條從矽谷到白宮的線，令人不禁想起「科技共和黨」的雛形正在成形。

二、Palantir人才滲透政府，編織一張「科技鐵網」

除了核心人物的扶持，Palantir早已透過人事輪動與顧問佈局，構築出一張遍佈美國聯邦體系的「人脈鐵網」。這些人物橫跨五角大廈、國土安全部、國務院、白宮、甚至人工智慧政策中樞「CDAO」（Chief Digital and AI Office）。

部分關鍵人物：

Clark Minor：曾任Palantir資深工程師13年，現為衛生與公眾服務部（HHS）首席資訊長。

Gregory Barbaccia：前Palantir情報主管，現為聯邦CIO系統成員。

Jacob Helberg：Palantir顧問，現任副國務卿，主管經濟成長與能源環境事務。

Greg Little：曾為五角大廈數位與AI辦公室（CDAO）首批官員，後轉任Palantir高級顧問。

David Spirk：CDAO初創成員、國防部前首席資料長，2022年加入Palantir。

Trevor Austin、Will Thibeau、Joseph Larson：皆曾於Palantir任職，後轉入CDAO擔任核心職務。

Matthew Turpin：Trump任內白宮國安會中國事務主任，後任Palantir高層顧問。

Wendy Anderson：前五角大廈高階官員，2020年起擔任Palantir聯邦與國安事務副總裁。

Alexander Alden、Jamie Fly：均曾在特朗普政府或共和黨核心圈任職，後進入Palantir主管戰略或政策事務。

此外，Palantir還成立了具象徵意義的「聯邦顧問委員會」，包括前國防部副部長Christine H. Fox 與前國土安全部部長Jeh C. Johnson。這些人不僅熟知美國政策運作，更能作為橋樑連接政府需求與企業能力，為Palantir打造「半官方科技平台」形象。

三、Palantir，國安科技的「國家公用股」

從技術面來看，Palantir已不僅僅是一家商業公司，更是美國戰略層面不可或缺的一環。它的主要產品系統，幾乎全部圍繞「數據主權、安全治理、國防決策」三大主軸展開。

產品名稱	功能簡介	主要客戶	應用場景
Gotham	情報整合與決策支援	政府部門	國防、反恐、邊境安全
Foundry	數據融合與決策分析	商業機構	醫療、製造、金融等
Apollo	軟體部署與管理平台	政商通用	軍事通訊、企業流程

AIP (AI Platform)	生數據驅動的生成式AI應用	商業與政府	AI模型訓練與部署

從表面看，Palantir不過是家大數據科技公司，但若深入觀察它的技術底層與服務模式，便可看出它已成為「國安戰略數據主幹網」的重要承載者，在某種意義上，與波音（Boeing）、洛克希德馬丁（Lockheed Martin）等國防企業的性質並無分別。

這也說明了為何坊間稱Palantir為「國家公用股」——其價值不僅取決於利潤與成長，更與美國地緣政治佈局、軍工外交利益密切相關。只要美國依然強調科技制高點與資料主導力，Palantir的角色就難以被取代。

結語：輸得起嗎？還是根本不會輸？

從命理角度來說，我在上一章已分析Peter Thiel的八字，指出他在2026年會遇上「梟印奪食」格局，火土之年過制其食神，代表企業可能遭遇財務壓力或策略波動。但命運是流動的，而背景資源則是穩定的。

在政治、資源、技術與國策的護航之下，即使面臨短期震盪，Palantir的長期發展堪稱無可限量。

更重要的是，隨著Trump再度執政，其對國安、軍工與數據治理的重視，極可能推動新一輪「數據愛國產業」的資金與政策傾斜，Palantir正是最直接的受惠者之一。

或許我們可以這麼總結：Palantir並非「被低估的科技股」，而是「被錯看為科技股的國策平台」。

在Trump時代，真正操縱股市的莊家，可能不是華爾街，而是白宮與Palantir共同打造的帝國結構。

Palantir被視為國防科技與數據解讀的隱形冠軍，如今在AI熱潮下被推向投資市場的聚光燈中央。2025年以來，該股價格已飆升至118.46美元，總市值突破2,500億美元。然而，本益比高達561倍的驚人估值（截至2025年5月中），也讓市場逐漸意識到：這是一家站在夢想與現實邊界上的企業。

Palantir最新財報顯示，2025年預估營收為37.6億美元，年增長36%，主因是美國商業客戶採用其AIP（Artificial Intelligence Platform）速度加快，涵蓋金融、能源、製造等領域。公司也上調了全年營收指引，反映出AI解決方案正逐漸從國防領域擴展至民用市場。但值得注意的是，2026年預測營收僅增長至約41.98億美元，年增長率下滑至12%。雖仍具正向動能，卻已無法匹配當前資本市場對其「AI龍頭」身分的增長期待。

每股盈餘方面，2025年為0.47美元，2026年預估達0.56美元。儘管逐步提升，對照當前股價仍遠不足以支撐如此高的估值。當前Palantir的市盈率超過500倍，已遠高於科技股普遍合理估值區間（約20－40倍）。對比輝達（NVIDIA）在AI GPU市場的實體產品護城河，Palantir僅以軟體平台與專業服務為主，市場對其長線毛利穩定性與競爭壁壘開始產生分歧。

分析師對2026年股價預測區間極為分散，從135美元至199美元不等，反映出市場對其商業化前景仍未形成共識。

部分樂觀者視其為「軟體界的輝達」，但保守派則提醒，其業績對美國國防與情報部門依賴仍高，若政府預算縮水，成長曲線恐將急劇變陡。Palantir最大的結構性挑戰，來自其收入結構的雙元依賴：超過一半營收來自政府部門合約。雖然公司正在積極拓展美國商業市場，2025年美商收入年增68%，但要徹底擺脱「國防承包商」的標籤仍有一段路要走。

若未來美國國防支出趨於保守，或新一屆政府在對外政策上收縮，Palantir將面臨失去增長主軸的風險。而其商業業務能否補上這塊缺口，將是觀察其價值修正或評價擴張的關鍵。

2025－2026將是Palantir真正接受市場驗證的兩年：若能在商業市場站穩腳跟，或許能讓561倍的本益比變得「合理」。否則，這場AI故事的高潮，也可能是修正的起點。

10. 開始轉型的Meta

提起 Meta（原Facebook）的創辦人 Mark Zuckerberg，筆者不得不說，他一直是我敬佩的對象之一。從哈佛宿舍出發，憑藉一個大膽的社交網絡構想，一步步建構出影響全球超過 30 億用戶的科技帝國。他不僅是創業者，更是塑造社交媒體時代的標誌性人物。

然而，從命理與大運的視角出發，Meta這家公司可能正處於由盛轉衰的關鍵時期。

日期	時柱	日柱	月柱	年柱	大運	流年
歲 年	【點擊六柱干支可看提示】				38歲 2021	43歲 2026
天干	丁 印	戊 元男	己 劫	甲 殺	癸 財	丙 梟
地支	巳 梟 比 食	申 食 才 比	巳 梟 比 食	子 財	傷	午 印 劫

流月干	庚食	辛傷	壬才	癸財	甲殺	乙官	丙梟	丁印	戊比	己劫	庚食	辛傷
流月支	寅殺	卯官	辰比	巳梟	午印	未劫	申食	酉傷	戌比	亥才	子財	丑劫

一、命格解析：身旺喜水，火土過重為忌

Mark Zuckerberg 出生於 1984年5月14 日巳時，戊土日主，生於己巳月，巳中藏丙火與戊土，土火交織，可作

「身旺格」論。這樣的命格最喜金水調候，水可洩火氣、金則生水，達至五行平衡。因此，命盤中「子水」為正財星，為其用神，對其事業與財富流動至關重要。

回顧過往關鍵年份，2012年Facebook 上市時，Mark 正行壬申大運，壬辰流年。這一運勢可謂「水旺到嘔」，正財用神得勢，遂使公司成功上市、籌資160億美元，寫下美股史上第三大 IPO 記錄。

這段時期正是 Meta 如日中天的黃金階段，Mark 也憑此站穩全球科技富豪之列。

二、2026 年丙午年：午火沖子水，財氣受損

進入2026年，情況會發生變化。此年為丙午年，五行之中火旺當令。午火與命盤中的「子水」正財形成「子午沖」，不僅動搖其財星，更在地支層面上直接沖擊日主的依附系統。

更重要的是，午火同時會克制申金，而申金亦為日主財星子水的根源，此舉不單影響財運，更會令整體事業判斷與執行力削弱。若此時公司策略冒進、重資本支出、或在元宇宙與AI投資布局過於倉促，極可能導致市場反應冷淡、財務壓力增大，甚至股價出現明顯波動。

加上 Mark Zuckerberg 現行大運為癸酉運（2021 - 2030）的尾聲，此運屬金水相生，仍屬佳運。但自 2025 年起進入過渡期，火土年頻現，五行力量開始逆轉。由於癸酉後的大運將轉入火土主導的「甲戌七殺比肩運」（2031起），

未來數年便是能量轉弱的前奏期。

三、財富仍巨，企業卻進入轉型期

值得一提的是，即使Meta股價於2026年面臨回檔壓力，-Zuckerberg本人之財富不會受到實質衝擊。根據《福布斯》資料，截至 2025 年，Mark Zuckerberg身家已達 2020 億美元，即使企業進入轉型或調整期，其個人財富亦足以「幾代不愁」。

但從企業角度來說，Meta 的處境值得關注。在AI、短影音與元宇宙布局上，雖然投入巨大，但市場回報與公眾接受度卻未達預期，令整體成長陷入停滯。廣告業務作為主要收入來源，亦面臨蘋果隱私政策改變與TikTok競爭壓力，未來難言一帆風順。

若從命理結構看，2026年的火沖水象，正是公司財氣波動、品牌信任削弱，以及內部結構需要調整的重要信號。

結語：Meta 的考驗才剛開始

作為七大科技巨頭之一，Meta雖仍位列一線，但其未來發展將不再如以往般順風順水。2026年丙午流年的出現，為這家科技帝國敲響警鐘；而對 Zuckerberg 而言，更是命格從盛轉衰的過渡時期。

對散戶而言，若在 Meta 長期佈局中獲利者，2026年宜謹慎評估，視為調整倉位、控制風險的轉捩點。而對企業與管理團隊而言，如何在財星受沖的年份穩住根基、重塑信任，才是最大的考驗。

Zuckerberg 的傳奇遠未終結，但 Meta 的下一階段，需要的不再只是創新，而是更強的韌性與整合力。

Meta正在經歷其自創立以來最深層次的一次重塑。從元宇宙的早期佈局到今日全面擁抱人工智慧（AI）基礎設施，這家市值達 1.46 兆美元的科技巨擘已從社交媒體平台蛻變為 AI 驅動的廣告與通訊帝國。然而，正當其財務預測節節攀升之際，來自監管機關的壓力與廣告競爭的加劇，也使得投資者必須審慎權衡這場華麗轉型的代價。

截至今年五月，Meta股價約為639.43美元，市盈率為21.91。分析師預測其2025全年營收將達1,868億美元，年增率超過13%。人工智慧已從實驗室走入現金流核心，Meta對Llama語言模型與AI聊天機器人的投資開始在WhatsApp、Instagram與Threads上轉化為真實用戶互動與廣告收入。

每股盈餘（EPS）預估為25.52美元，並預計投入高達720億美元資本支出，主要用於加強資料中心與自研晶片的基礎建設。此舉明顯是為了對抗微軟與Google在AI模型部署上的資本規模優勢。

這場資本賽跑並非毫無代價。歐盟已對其「無廣告訂閱模式」提出調查，質疑其對用戶同意的真實性，這可能動搖其在歐洲市場的商業模型根基。

展望2026年，Meta預計營收將突破2,100億美元大關，EPS預估則提升至33.39美元，幾乎為2023年的三倍。分析師給出的股價區間從696美元直至1,100美元，反映出市場對其長期AI商業化潛力的高度信任。

Threads與Reels的用戶活躍度持續提升，使Meta的廣告產品更加多元並跨足短影音戰場。若AI能持續提升投放效率並降低獲客成本，Meta將進一步鞏固其在數位廣告市場的壟斷優勢。

不過，Meta面臨的對手不再只是廣告平台，而是基礎AI 模型提供者與硬體供應鏈的角力者。在 AI 主導與模型透明度成為新戰場時，Meta是否能在開源與商業化中取得平衡，將成為2026 年的核心問題。

11. 幣市風向標——從Michael Saylor看MSTR與比特幣走勢

若要預測幣市未來走向，少不了觀察其中最具影響力的人物之一——Strategy（MSTR）執行主席 Michael Saylor 的命運起伏。

作為全球第一個將Bitcoin納入公司資產負債表的上市企業主，Saylor 可謂是「將企業押上加密貨幣信仰」的代表人物，其命盤變化，對整個幣圈的影響力不容小覷。

一、MSTR 的比特幣豪賭戰略

Strategy（前稱　MicroStrategy）在Saylor領導下，早於2020年開始將比特幣視為其「主要儲備資產」，不僅不斷以高槓桿方式購入BTC，更不惜發債以換取更多資金囤幣。

截至 2025 年初，MSTR 已累計持有 499,096枚 BTC，佔全球最終可開採數量的約2.4%，堪稱全球最大比特幣「實控機構」。

MSTR的股價幾乎與比特幣價格呈強烈正比，Michael Saylor 的命盤，便可視為幣市的「命理風向標」。

日期	時柱	日柱	月柱	年柱	大運	流年
歲 年	【點擊六柱干支可看提示】				61歲 2025	62歲 2026
天干	比	己 元男	戊 劫	乙 殺	辛 食	丙 印
地支	印 劫 傷	丑 比 才 食	寅 官 印 劫	巳 印 劫 傷	未 比 梟 殺	午 梟 比

流月干	庚傷	辛食	壬財	癸才	甲官	乙殺	丙印	丁梟	戊劫	己比	庚傷	辛食
流月支	寅官	卯殺	辰劫	巳印	午梟	未比	申傷	酉食	戌劫	亥財	子才	丑比

二、Michael Saylor 的命格分析：身強土命，喜金水

Michael Saylor 出生於1965年2月4日，己丑日主。寅月木旺、丑月濕寒、火藏於巳，命盤中木火交織，己土虛浮，但整體結構呈「印劫重重，日主轉強」格局。這類命格具備極強的執行力與主導力，適合獨立判斷、逆勢操作。

命中喜金水，因金可泄土、亦可生水，水即其「正財」，是命盤中最有利的用神。

三、2024 年財運爆發：申辰拱水局，水旺生財

2024年為甲辰年，Saylor剛好處於壬申大運的尾聲。申為金，辰為水庫，形成拱水局，正財氣勢極旺，命格得運，適逢比特幣進入牛市，BTC飆升至近1萬美元，MSTR股價亦水漲船高，Saylor 身家突破歷史新高。

這一階段不僅是MSTR 的「戰略紅利期」，更是整個幣市

的瘋狂爆發期。許多山寨幣（altcoins）也搭上這波升勢，但背後的支撐力量，正是命盤中那道強而有力的「水局」。

四、2025－2026：大運轉換，金水減弱

然而，進入 2025 年，Saylor 命盤進入新的大運——辛未大運。辛金為其食神，有生財之用；但未為燥土，且與命中丑土同為「墓庫」，形象上「閉塞財氣」，金水力量被逐漸封存。這是一種「明亮卻逐漸被陰影覆蓋」的局勢。

2026年更是關鍵轉捩點。丙午年，火氣旺盛，午火為陽火，直接剋制水。更重要的是，丙辛合，合而化火，對於本來已被土圍困的辛金來說，等同於「財源受制、食神被合」，失去生財管道。

此命格變化，在幣市反映為比特幣可能失去動能，開始出現重挫與震盪走勢。

山寨幣與NFT等高波動資產或將大幅貶值，投機資金抽離。

MSTR作為高度槓桿化持幣企業，若BTC跌破關鍵支撐，恐面臨資產重估與債務壓力。

五、2026 年幣市：進入熊市的高機率

基於命理判斷與技術結構，2026年極可能是比特幣進入新一輪熊市的開始。這不單是一場價格修正，更是信心、資金與監管多重壓力下的洗牌：

火旺年份（丙午）代表監管趨嚴、金融收緊，容易觸

發避險需求上升。

金水受抑，不利於幣圈流動性、創投市場與交易所營運。

Michael Saylor命盤失勢，代表其操盤與戰略方向可能出現誤判，對市場信心造成拖累。

投資者若於2024－2025年高位布局，2026 年將是應對風險、調整倉位的關鍵年份。

結語：信仰未滅，週期調整

從命理與市場週期雙重角度觀察，Michael Saylor的命格與比特幣走勢確有高度一致性。2026年所帶來的財星受克、火剋水象，正是幣市從狂熱走向理性調整的訊號。

這不代表比特幣會長期崩潰，但確實預示著一段長時間的「盤整期」即將展開。對於散戶而言，應避免在高點追價、重倉壓注，轉而關注基本面強、應用落地明確的幣種與平台。對於MSTR則應關注其資產負債比與BTC的關聯風險是否過度集中。

Saylor的信仰或許未變，但市場從來不信宗教，只信週期。

12. 2026幣市部署及遠離合約

既然在前章已經預測 2026 年是比特幣（BTC）與整體幣市可能進入熊市的一年，那麼最自然的下一個問題就是：「那我該怎麼做部署？」不少人甚至會問：「既然會跌，那我就做空好了，照樣賺錢，不是嗎？」

這樣的想法表面上看似合理，實際上卻暗藏極大風險。筆者不諱言地說：2026年最好的部署策略，是「遠離幣市」與「堅決不碰合約」。

一、幣市熊市的殘酷：跌幅可能超乎想像

回顧上一個幣市熊市週期，我們可以用一個最具代表性的例子來說明：比特幣於 2021年11月創下歷史高點約 69,000 美元，但僅僅一年後，到 2022 年 11 月時，BTC 曾跌至 15,000 美元附近，跌幅超過 78%。

這已經是幣市中最穩健、最「抗跌」的資產了。其他中小型的山寨幣（altcoins）、NFT項目與平台幣，暴跌了 90%、95%，甚至歸零的，比比皆是。這不僅是資金上的損失，對許多投資者而言，甚至是精神層面的重創——破產、失眠、焦慮、自責。

所以當有人問：「如果 2026 是熊市，我該如何部署？」

筆者的回答是：最好什麼都不要部署。直接遠離幣市。

這並非恐嚇，而是基於過去幣市週期的理性判斷。即使你看準了方向，但仍有可能因為槓桿操作、平台機制、技術錯誤、心理恐慌而被「洗出去」。

二、做空幣市？理論上可行，實際上更危險

不少人會反駁：「那我就做空幣市，或買入反向 ETF，不就可以反著賺？」

理論上沒錯。但若涉及到「幣圈合約交易」，你需要知道，這不是你以為的「做空賺錢」那麼簡單。以下是筆者自身血淚經歷。

KUCOIN 加速爆倉的真實案例：

由於本人身在香港，主流幣安（Binance）已禁止提供合約服務，故改用看似合規的 KUCOIN 平台。當時我選擇做空 ETH（以太幣），設定槓桿為 4 倍。

接下來發生的事情，徹底顛覆了我對合約交易的理解——當ETH看對方向（價格下跌）時，KUCOIN自動幫我將槓桿降為2 倍，也就是我原本應賺的利潤直接被平台砍半。

反之當市場反向（價格上漲），平台卻自動將我的槓桿「升級」至 11 倍！

也就是說：你看對方向，平台自動限制你獲利；你看錯方向，平台加速你爆倉。這不是什麼技術失誤，而是交易機制本身內建的設計，讓散戶永遠在不對等的位置與莊家對賭。

所謂「爆倉」，就是指你的本金全數虧損，一夜歸零。2022－2023年間新聞頻傳，不少人合約一天爆倉50萬、100 萬美元，連平倉機會都沒有。

我避過FTX倒閉、幣市崩盤，但唯獨逃不過合約的陷阱。那年我深刻體會到一句話：不是你技術不好，也不是你方向看錯，而是你在一個會自動修改遊戲規則的市場裡「被設計成輸家」。

三、ETF 是替代方案？可以，但要小心槓桿倍數

若你仍不願完全脫離市場，希望留一點空間參與熊市回檔行情，那筆者建議你不要直接參與幣市或合約，而是留意一些與幣市相關的美股反向 ETF，例如：

Defiance Daily Target 2x Short MSTR ETF（SMST）

這是一檔追蹤做空 MicroStrategy（MSTR）的兩倍反向ETF。由於 MSTR是全球持幣量最多的上市公司，其股價與BTC 高度聯動。因此當比特幣下跌時，SMST 有機會上漲。

不過，也要注意以下幾點：

這是 2 倍槓桿 ETF：每日計算漲跌，不適合長期持有。

波動極大：一天內波幅可能達 10%、15%。

建議：只宜小注部署，不可重倉，更不可 ALL-IN。

與合約不同的是，ETF不會讓你爆倉，但它仍有極高風險。若沒有風險控制與停損機制，仍有可能造成重大虧損。

四、合約交易為何不可碰？從根本機制說起

合約平台之所以能「殺散戶如割草」，不只是槓桿高風險，更在於：

滑價與手續費高得驚人；

價格操控空間大，平台可提前清算你倉位；

技術斷線、API 異常、伺服器延遲等，都足以使你平倉失敗；

平台風控邏輯不透明，槓桿倍率隨意調整。

而且，合約交易設計的本質，是「零和博弈甚至負和博弈」——有贏家，便必須有輸家。散戶資金小、情報慢、心理壓力大，大多數人只是被「收割的對象」。

新聞中總能看到：「某平台爆倉金額數億」、「數萬人一天內全軍覆沒」——這些從來不只是新聞，而是現實。

結語：投資不是賭博，遠離合約是珍惜自己

不論你是否相信命理，是否認同筆者對 2026 年幣市熊市的預測，我真心建議你記住一件事：

幣市可以碰，但千萬不要碰合約。

如果你真的相信幣市長遠會再創高峰，那麼選擇等一個新的牛市起點，再慢慢佈局不遲。但若你在熊市中妄圖靠合約反向賺錢，那多半只會成為市場的祭品。

記住一句話：

保本就是贏家。避開爆倉，你已勝過九成的散戶。

13. 熊市時，幣市到底發生了什麼事？

幣市曾讓不少人得到財務自由——我的前老闆便是其中之一。但也同樣讓許多人傾家蕩產、資金歸零，甚至走上絕路。這不是誇張或煽情，而是真實紀錄。

在幣市熊市來臨時，你永遠不知道下一個倒下的會是誰。有時，不只是幣價腰斬，更有整個交易所、穩定幣、甚至整條公鏈一起崩潰。2022年正是一個典型例子——這一年，FTX交易所倒閉、LUNA歸零、JPEX主腦潛逃，還有幣安凍結帳戶等連環事件，讓無數投資者血本無歸。

這一章，讓我們回顧幣市熊市最驚心動魄的幾場災難，從中吸取教訓，也為快將來臨的2026年做好心理準備。

一、FTX交易所倒閉事件：幣圈的雷曼時刻

2022年11月11日，全球第二大虛擬貨幣交易所FTX宣布破產，震撼幣圈，堪稱虛擬資產的「雷曼兄弟」。

原因為資不抵債與挪用用戶資金。

FTX的創辦人Sam Bankman-Fried（SBF）被揭發動用用戶資金作私人用途，包括政治捐款、購置房產與虛假財務報表，導致超過100萬用戶無法提款，損失金額高達百億美元

以上。

最終，美國法院判處SBF 25年監禁，結束這場被譽為「史上最大金融詐騙案之一」的風暴。

此外，FTX原生代幣FTT，由22美元在數日內崩潰至0.9美元以下，出現幾近歸零的走勢。

FTX的崩塌讓散戶一夜間身無分文，有網友控訴：「以為放在大交易所最安全，誰知竟是最危險的地方。」

這場災難的啟示是：去中心化的幣圈，從來不保證透明與安全，甚至連大型平台也隨時爆雷。

二、LUNA幣歸零：曾是「穩定幣之光」的崩潰

如果說FTX是幣圈的「雷曼時刻」，那麼LUNA的崩潰則是「金融科技烏托邦的幻滅」。

LUNA幣原是韓國天才創業家Do Kwon（權道亨）於2018年所創，透過Terra區塊鏈與其穩定幣UST相互支持，打造一套被認為革命性的「演算法穩定幣機制」。

2022年4月，LUNA幣價格一度高達116美元，總市值逼近410億美元，排名全球第五，成為散戶最熱愛的明星幣種之一。

但，一夜夢碎。

2022年5月8日，Terra基金會挪動了1.5億美元的UST以調整流動性，但短短10分鐘後，一個匿名錢包竟拋售了8400萬美元UST，引發連鎖拋售。UST開始脫鉤，從1美元跌至95美分，接著出現恐慌性提款潮。

穩定幣機制失效，LUNA被迫大量增發以維穩，卻反而加速通膨與幣值崩潰。短短48小時內，UST貶值99%，LUNA幣則從100多美元急速歸零。

有人眼睜睜看着「90萬變700元」；有Reddit用戶透露，LUNA歸零導致家破人亡；有韓國媒體報導，有人投資千萬後自殺。估計全球約25萬人受災，損失難以估量。

這場災難也讓市場重新審視：「穩定幣不一定穩定，明星創辦人不是保障，市值高也不是護身符。」

三、其他事件：JPEX潛逃與幣安帳戶封鎖

JPEX交易所詐騙事件

2023年，總部在香港的JPEX交易所傳出重大詐騙醜聞，平台內部高層捲走巨額資金潛逃，涉案金額逾13億港元，受害者高達數千人。

JPEX被控涉嫌經營未註冊虛擬資產交易所、以高息誘騙投資者，甚至製作虛假收益紀錄。多位受害人表示帳戶被「無限延遲提款」，資金無法取回，最後平台直接下架所有操作功能。

幣安帳戶凍結爭議

2022年－2023年間，也有零星投訴指出：幣安在用戶未收到明確通知的情況下凍結帳戶，部分理由包括「反洗錢審查」、「異常交易紀錄」、「需配合司法調查」。

這些事件即使並未全面爆炸，卻也不斷提醒散戶：你的帳戶不是你的，資產托管不代表資產安全。

四、2026年的警訊：幣市熊市，請遠離！

如果2026年再次步入幣市熊市，根據過往經驗，以下極可能重演：

主流幣種腰斬，小幣歸零；

交易所爆雷，無預警凍結或倒閉；

項目跑路，創辦人神隱；

網紅「帶貨」翻車，社群崩潰；

衍生工具爆倉，槓桿投資者被斬倉。

請牢記：在幣市熊市裡，真正安全的不是你手上的幣，而是你已經離場的腳步。

結語：別成為下一個犧牲者

幣圈從來不缺故事，缺的是活下來的人。當年說自己「All In」LUNA、「FTX穩陣」的人，很多都已經消失在歷史中。2026年如果真如推演進入大熊市，最好的策略，不是搏反彈，不是做合約，而是保持距離、保存實力。

牛市的幣神，往往不是炒得最猛的人，而是那些在熊市沒死的人。

14. 軍火股部署——2026年值得關注的SHLD國防科技ETF

2026年為丙午年，亦即玄學上著名的「赤馬年」。正如前文所述，丙午屬火，午為陽馬，火氣當令。在五行上代表戰火與動亂，在地緣政治上則意味著爭拗、對峙乃至軍事摩擦的增加。

雖然我們都不希望世界陷入戰爭，但市場總是對風險做出最直接的反應，而國防科技股，便是最典型的「地緣政治避險受惠者」。若2026年國際局勢更為動盪，軍工股與相關ETF或許將成為資金轉進的重要去處。

在眾多軍火股與軍工基金中，筆者建議大家可重點關注一檔新興軍工科技主題型ETF——Global X Defense Tech ETF（SHLD）。

一、SHLD ETF概述：專注國防科技的多元持股

Global X Defense Tech ETF（SHLD）由Global X發行，專門聚焦於「次世代國防科技與人工智慧軍工融合領域」。與傳統軍火股ETF不同，SHLD並非只是持有傳統武器系統製造商，而是強調AI、感測器、網路安全、AR擴增實境、無人系統等軍事科技新趨勢。

截至2025年中，SHLD的主要持股包括：

Rheinmetall AG（RHM GR）：德國軍火巨頭，近年主打自走砲、坦克模組。

Palantir Technologies（PLTR）：提供國防級AI資料分析平台，與美國政府關係密切。

Northrop Grumman（NOC）：專攻隱形戰機、無人機與太空技術。

RTX Corporation（RTX）：原雷神公司，專注飛彈防禦與航太系統。

Thales SA（HO FP）：歐洲感測器與飛航電子專家。

Leonardo SPA（LDO IM）：義大利軍事航太工業龍頭。

Lockheed Martin（LMT）、General Dynamics（GD）：傳統軍工龍頭，代表美國軍事實力核心。

二、2026年佈局軍工股

1. 地緣局勢惡化，推升軍費需求

在全球軍備現代化浪潮與地緣政治緊張升溫的背景下，國防科技成為資本市場中的少數明確趨勢。Global X推出的防衛科技ETF（SHLD）正處於這場資金轉向的交匯點上。作為一檔聚焦AI、無人機、軍用機器人與網路防禦等尖端應用的主題型ETF，SHLD近年來的表現顯得穩健而耐震。對於投資者而言，問題不在於是否應該持有，而在於它是否已反映未來潛力。隨著全球各地衝突升溫，如俄烏戰爭尚未終結、中東火藥味濃厚，以及亞太地區安全不確定性提高，各國政府將被迫擴大軍費預算。根據SIPRI（斯德哥爾摩國際和平研究所）數據，自2020年以來全球國防支出年增4.2%，已遠高於疫情前水平。預估至2030年可達3.4兆美元，年化增長率將達5%。

這種增速，甚至比許多科技消費產業還要來得穩健。

2. 軍事需求與經濟周期脫鉤

與大多數消費型產業不同，國防支出不一定隨景氣變化而波動。相反，在經濟不穩定時期，國防投資往往會被視為「戰略剛需」而持續維持。這意味著，即使2026為股市熊年，軍工相關ETF仍有上升空間。

3. 軍工與科技融合：AI+國防新紀元

不同於以往單純的「造武器」概念，現在的國防科技早已進入「科技軍工化」的階段。Palantir的AI平台用於戰場情報、感測器即時預警、無人機飛控、戰爭模擬，這些高科技應用代表未來戰爭的樣貌，也代表著新一代軍工產業的增值方向。

三、投資建議：適合小注觀察，但注意組成風險

筆者雖然認為SHLD是2026年值得關注的主題型ETF，但亦有以下兩點要注意：

1. 僅建議小注，資金不宜超過總投資部位10%

雖然SHLD長線成長潛力可觀，但其波動性也相對較大，尤其其中包含個別高波動股票（例如PLTR），會令整體淨值易受消息與市場情緒影響。

2. 注意成份股過度集中或重複持股風險

雖然表面上SHLD是「軍工股」，但其實部分持股如PLTR、Thales、RTX等，同時也被納入其他大型科技ETF（如QQQ、ARKK等），可能出現過度重疊投資。因此，若你已有持有相關個股或主題型ETF，應評估整體投資重複度。

結語：亂世之中，冷靜選擇避險工具

2026年若如預期般為赤馬火年，不論從玄學還是地緣政治觀察，都可能是全球風險升溫的一年。在這種時候，軍工類ETF的確提供了一個相對穩定的配置方向。

SHLD作為國防科技主題ETF，不僅囊括傳統軍火巨頭，更融入AI、新科技與國防數據平台的未來趨勢，值得關注。

但正如我一貫強調的，投資從來不是靠押寶，而是分散風險、控制倉位。對於任何看好的資產，「小注試水」遠勝「ALL IN期待翻倍」。更何況，軍工板塊屬於灰色避險資產，適合在全球混沌中作為防守配置，而非主攻利器。SHLD雖被視為抗通膨與防禦性資產的配置選擇之一，但其組成包含大量半導體、通訊設備與網安概念股，使其波動度不容忽視。換言之，這是一檔「類科技股」外衣下的軍工ETF。若未來市場對AI軍事應用的成效產生疑慮，或美國對外軍售政策轉向，也將牽動資金動能。

此外，ETF涉及企業多具地緣政治敏感性，若出現大型防務廠商（如LockheedMartin或Raytheon）遭遇出口限制、監管審查或公眾反彈，將可能引發資金外流風險。

SHLD是當前全球ETF市場中少數兼具地緣議題與科技創新的標的。它既是對全球安全秩序重構的押注，也是一場資本對於未來軍事形態的賭局。對於長期資產配置者而言，SHLD既不是避險資產，也非純成長標的，而是一種與全球風險同頻脈動的新型配置工具。問題不在於它會不會上漲，而是你是否已準備好一起參與下一場科技冷戰。

截至2025年5月，SHLD的市場價格約為51.94美元，雖然較年初小幅回落，但分析機構對其全年平均價格預測仍維持在50至58美元之間。根據StockScan資料，12月份的價格可能挑戰58.36美元，代表投資人對AI軍工應用持續擴張的正面看法。

技術分析顯示，SHLD短期內存在約25%的上升空間，預估價格區間為60－68美元。

2026年，SHLD的平均目標價上看69.2美元，高盛與摩根士丹利旗下多元資產策略組皆指出，若美國國防部將更多採購預算轉向AI系統整合商與晶片商，ETF中數家權重股將進一步推升總體報酬。WalletInvestor預測更為樂觀，給出年終上限價為124.46美元，反映市場對於「防衛科技金融化」趨勢的強烈押注。然而，過度依賴成長類股的組成結構也帶來估值拉伸與波動性的風險，尤其在利率居高不下或地緣局勢進一步惡化的環境下。

15. 台灣富豪郭台銘有「大劫財」？

由於台灣富豪掌握著台灣經濟命脈，要「偷看」2026台灣股市，不妨看看台灣著名富豪郭台銘的出生日子。

日期	時柱	日柱	月柱	年柱	大運	流年
歲 年	【點擊六柱干支可看提示】				68歲 2017	77歲 2026
天干	[illegible] 傷	丙 元男	丙 比	庚 才	癸 官	丙 比
地支	[illegible] 殺梟	戌 食財劫	戌 食財劫	寅 梟比食	巳 比食才	午 劫傷

流月干	庚才	辛財	壬殺	癸官	甲梟	乙印	丙比	丁劫	戊食	己傷	庚才	辛財
流月支	寅梟	卯印	辰食	巳比	午劫	未傷	申才	酉財	戌食	亥殺	子官	丑傷

郭台銘丙火生於戌月，雖然看似火氣衰退，但月柱天干又是丙火，而地支戌寅合半火局，火的氣勢反而增強。

郭台銘為食神生財格局，擅長經商。身旺便可以擔財，故年柱的庚金財為喜。雖然時柱不詳，但很大機會忌火，遇上火年便會破財，或者身家縮水。

火重的郭台銘，也離不開科技行業。他創辦的鴻海科技（Foxconn Technology Group，台股2317）為世界第四大的資訊科技公司，而郭氏為其最大的自然人股東。

他在1974年創辦的富士康（Foxconn），更是著名的蘋果代工。公司專注於電子產品的代工服務（EMS），研發生產精密電氣元件、機殼、系統組裝、光通訊元件、液晶顯示件等3C產品上、下游產品及服務。其母公司，全球最大電子代工企業——鴻海科技集團，正站在關鍵轉型路口。隨著全球科技巨頭爭相擴建AI伺服器產能，鴻海迅速轉向扮演新一代硬體支柱的角色。然而，儘管市場對其2026年前的獲利預期轉趨樂觀，地緣政治與結構性毛利瓶頸仍令投資人不得不保持謹慎。

2025年，鴻海的基本面穩健，市場預期升溫。根據FactSet最新預估，2025年鴻海每股盈餘（EPS）中位數為新台幣14.14元，年增幅達28%，主因來自AI伺服器與雲端整合設備的需求激增。董事長劉揚偉曾表示，AI伺服器業務預計全年營收將突破新台幣1兆元，推動集團整體營收首度站上新台幣7兆元大關。

即便如此，股價評價仍顯保守。截至2025年5月13日，鴻海股價為1新台幣58元，預估本益比僅約11倍，明顯低於全球科技硬體同業。一派分析認為這代表潛在的評價修復空間；但也有法人指出，外資連日賣超與貿易政策陰影正壓抑其估值彈升。

部分機構預估鴻海2026年EPS可達新台幣18.30元，在給予20倍本益比的情境下，股價可上看NT378元。但此樂觀場景仰賴毛利提升假設，仍具不確定性。

鴻海過往低毛利的OEM業務仍是獲利表現的壓力來源。儘管積極轉型，與Apple的依賴關係依舊深厚——2024年超過45%營收來自iPhone相關組裝。若未來美中兩地的消費電子需求走弱，將對成長構成反壓。

鴻海的全球擴張亦面臨地緣與政策風險。美國總統特朗普重啟25%全球統一關稅計畫，涵蓋汽車與科技零組件，其中即包括鴻海墨西哥廠組裝的關鍵部件，導致資金流出。與此同時，台海局勢的不確定性，也使外資對長線投資持保留態度。

從執行層面來看，鴻海能否成功整合AI高端硬體仍待觀察。儘管公司在美國德州與新竹啟動相關投資，然在高階封裝與自研板卡設計等核心領域，仍受制於Nvidia與台積電的技術領先與供應鏈掌控。

鴻海不再只是iPhone的組裝工廠。它正試圖重塑為AI、電動車與高效能運算的硬體平台供應商。若能成功轉型，將有機會迎來評價重估的轉捩點。但在此之前，它仍是亞洲科技市場中最矛盾的存在：殖利率高、估值低，卻持續被低估。

美國《科睿唯安》每年發佈的「全球百大創新機構名單」，鴻海為台灣民營企業唯一連續 7 年獲獎(2018-2024)。

根據《福佈斯》榜單，郭台銘分別2005年(乙酉)、2010年(庚寅)、2017年(丁酉)、2018年(戊戌)、2019年(己亥)和2021年(辛丑)登上臺灣首富，多是土金的流年。

根據《壹週刊》歷年「臺灣50富豪」榜單，郭台銘從

2002年起蟬聯臺灣首富至2020年。為甚麼2020年後便無以為繼呢？主要進入了癸巳大運的下半巳火比肩部份，身家受到影響。

2026年丙午年，火勢炎炎，一來丙火會克原局的庚金財星，二來午火會聯同原局的戌寅合了火局，加強了比劫破財。所以，估計他主理的鴻海（2317）都會受到影響，股價有可能下挫。

2027年郭台銘開始進入甲午大運，甲木再生午火合劫局，雖然土金流年可能會幫補一下，但大運難免有影響。

16. 2026 攻守俱備

一、2026年不宜重押科技股，為何仍介紹ETF？

2026 年為丙午火年，前文指出，NVIDIA的黃仁勳將進入破財流年、Palantir的Peter Thiel亦遭遇「梟印奪食」不利結構。在命理與基本面交疊之下，這兩檔科技明星股可能面臨回調壓力。

但若市場真如預期進入空頭格局，短線交易者仍可考慮布局「做空ETF」或謹慎小注反向ETF，尤其適合具備風險意識與自律的投資者。

二、與 NVIDIA 相關的 ETF 一覽

做空 NVIDIA 的ETF（看跌NVDA）

NVD – GraniteShares 2x Short NVDA Daily ETF

槓桿倍數：-2倍每日反向

追蹤方式：日內反向雙倍槓桿

特點：高風險，適合短線波段操作，隔夜風險極高。

適用情境：若NVDA出現急跌行情，可作為對沖工具。

NVDD – Direxion Daily NVDA Bear 1X Shares

槓桿倍數：-1倍每日反向

特點：風險較低，適合保守型投資者作空單部位配置。

優勢：每日調整，不受複利蠶食過大影響。

NVDS － Tradr 1.5x Short NVDA Daily ETF

槓桿倍數：-1.5 倍

特點：風險介於NVDD與NVD之間，適合偏進取型操作。

做多NVIDIA的ETF（看好NVDA）

NVDL－GraniteShares 2x Long NVDA Daily ETF

槓桿倍數：+2 倍

適用者：短線多頭交易者

特點：牛市利器，但熊市時切勿留倉。

NVDU－Direxion Daily 1.5x Long NVDA ETF（主動型）

槓桿倍數：+1.5 倍

特點：主動選股與槓桿策略結合，略高於傳統ETF波動。

NVDX － T-REX 2x Long NVDA ETF（每日目標主動型）

槓桿倍數：+2 倍

特點：每日調整策略與槓桿，主動性極高，風險亦然。

三、與 Palantir 相關的 ETF 一覽

做空Palantir的ETF（看跌PLTR）

PLTD－Direxion Daily PLTR Bear 1X Shares

槓桿倍數：-1 倍

特點：單倍反向ETF，較穩健，適合對PLTR後市看淡的投資者。

做多 Palantir 的ETF（看好PLTR）

PLTU－Direxion Daily PLTR Bull 2X Shares

槓桿倍數：+2 倍對槓桿ETF運作機制有清晰理解；

特點：槓桿加倍，波動強烈，適合日內或短期操作。

PTIR－GraniteShares 2x Long PLTR Daily ETF

槓桿倍數：+2 倍

特點：與 PLTU 類似，但為GraniteShares版本，結構與交易流動性略異。

四、槓桿ETF的風險與誤區

在考慮投資上述ETF前，投資者應該充分理解以下幾點：

1.每日重置機制

所有槓桿型ETF皆以「每日」為單位進行槓桿重設。若持有超過一日，報酬率會受到市場波動與時間複利影響，導致實際收益偏離預期。

2.不宜長期持有

這些ETF的設計邏輯是為短線對沖、日內波段操作，不宜作為長期投資工具。長期持有會因「波動蠶食」造成報酬偏離，甚至損失本金。

3.槓桿放大風險

2倍、1.5倍的槓桿意味著「漲也放大、跌也放大」。若方向錯誤，單日虧損可高達10－20%，甚至觸發停損。

五、操作建議：適合哪類人？

這些ETF並不適合每一位投資者，投資者需要考慮以下條件：

有風險預期與資金控管能力；

願意每天監控盤勢與持倉變動；

預設好停損點、目標價與資金佈局。

否則，建議仍以現金、黃金、短期債券、保守型基金為主軸，待市場修正完畢後再擇機進場。

結語：熊市不必賭命，小注試水才是王道

2026年若如預期進入熊市，市場將呈現高度震盪，投資者如無明確策略，極易被左右打擊、情緒操作。

槓桿ETF雖能放大收益，但其風險亦成倍增加。筆者建議散戶：若一定想參與熊市行情，請把槓桿 ETF 當成一種戰術型工具，而不是戰略配置主軸。

總結一句話：熊市中，保住本金才是真本事；能小賺一筆，是錦上添花；大注進場博反彈，是送命行為。

17. 買樓？2026之後先考慮啦！

擁有屬於自己的磚頭，一直是香港人傳統的夢想。無論是「住得安心」、還是「供樓當儲蓄」，買樓這個命題，幾十年來從未真正淡出市民的生活焦點。

但近年來，樓市風光不再。自2021年觸頂後，香港住宅樓價至今已累積回調約三成，不少人驚覺：「原來香港樓市也會跌！」根據金管局與多間銀行聯合公佈的數據顯示，截至2025年，負資產的按揭個案更創下近20年新高，情況與2003年沙士後頗為相似。

很多人問：「這會不會是買入的好機會？」

如果你問我，我的答案是：先不要急，等2026年之後再看。

一、為何2026年值得特別留意？

身為玄學工作者，我手上的八字客人當中，不乏資深的物業投資者、地產代理。

他們對房地產價格走勢一向非常敏感，但有趣的是，在推算他們的八字推算，2026年（丙午年）竟然不約而同出現「財庫破損」的訊號。有人面臨現金流緊張，有人資產蒸發，更有人被迫拋售。

我們不妨從風水流年角度切入：2024年起進入九運（2024－2043），火旺土衰，而地產屬土，自然受克。再加上2026年是丙午火年，五行火氣極旺，相比8運，土的力量再次遞減。

除了玄學上的解釋外，也恰好與現實經濟疊合：

高息環境壓制房貸承擔力；

移民潮使空置率上升；

內地資金管制影響跨境置業；

政府樓市政策放寬釋出大量供應。

當現實與玄學的低潮年份重疊，加上多方利空因素未解，2026年很有可能就是樓價的「殺估年」。

二、會跌到「沙士價」嗎？

2003年沙士期間，香港樓市幾近崩潰，納米樓跌至不足2000元呎價，甚至豪宅也腰斬。如今是否會重演當年景況？

筆者認為：不至於回到沙士價，但出現一波歷史性修正絕對可能。

原因有三：

1.政策模糊：政府口頭雖不願見樓價大跌，但已沒有實質干預手段，也不再積極穩樓價。

2.市場對抗性購買力已被耗盡：近十年「上車族」大多已入市，能撐的早已撐，能借的早已借，後續動能不足。

3.國際資金流向轉變：國際資金早已從香港房地產轉向

美元、科技股與避險資產，加上中美局勢未明朗，資金回流有限。

三、2027年起會否迎來轉機？

我認為會。因為：

很多八字客人在2027年之後的財運顯示開始轉好；

若2026年為谷底，市場將在之後開始築底回穩；

中美貿易與利率政策趨於明朗，有利資金重新配置。

也就是說，2026年底到2027年初將可能是樓市真正的轉捩點。此時若市場還有甜價未被掃貨，即會吸引長線資金進場，屆時投資者才是進可攻、退可守。

四、如果你想買樓該怎麼辦？

簡單建議如下：

自住者：若你不是急需，可延至2027年再看，風險更低。

投資者：不宜抄底刀口上，宜等跌定訊號或政府轉向明顯。

首置者：保留彈性資金，先租後買，穩中求勝。

揸樓一族：如有多項持貨，留意2026年現金流與估值變化，慎防資產縮水或「Call Margin」風險。

結語

香港人對磚頭的迷戀根深蒂固，但時勢已非往日。

2026年，對樓市而言，或許會是一場暴風雨，但這也是重建與轉機的開始。跌市不是世界末日，而是一次重新分配資產的機會。

你要做的，是學會等待風暴過去。當市場氣氛變冷，價格變合理，就是精明買家上場的時候。

所以，買樓？等2026年之後先啦！

18. 致富，人生只需要兩個機會？！

「人生只需要兩個機會。」

這句話，是我從一位前老闆口中聽來的。

他並不是那種一帆風順的富豪——相反，他的人生曾跌宕到幾近谷底。但正因如此，他說這句話的時候，帶着一種從火場走過來的篤定。

一、從電影黃金時代的興衰到虛擬貨幣翻生

2018年，我剛認識這位老闆，那時他年過半百，但對虛擬貨幣有著近乎少年般的熱情。你很難想像他曾經破產——每天笑容滿面，談起區塊鏈比誰都興奮，宛如看到未來的預言家。

年輕時，他是香港電影圈的一位投資者，當年港產片正值黃金時代，一部部都賺錢。手握數千萬資金的他，曾被認為是行業新星。可惜時不與我，隨着電影業式微，口味變遷，幾場失誤的投資令他從高峰跌落谷底。

最終，他破產收場。

這時候，他選擇離開電影圈，轉向另一個他視為「未來世界的入口」的地方：虛擬貨幣。

二、2017年的機會：看見BTC的未來

「我2017年就看到機會。」他語氣平淡地說，彷彿說的是某件日常事。「當時BTC還在3000美元，我就已經覺得，它不是錢，是一套新系統。」

我問他：「那時候很多人都說這是泡沫，為什麼你還會信？」

他只淡淡一笑，說：「你想像一下，一個台灣人要轉帳給你，要經過銀行、手續費、工作日的延遲。但如果用BTC？只要給我一個地址，五分鐘搞掂。這不是科技，是解放。」

他的理解，不是靠白皮書、不是靠K線圖，而是來自生活邏輯。他不是炒短線的技術黨，而是用哲學去理解市場的實用主義者。

三、熊市的忍耐與致富的平常心

2018年BTC暴跌，由高位 19,000 多美元一口氣跌回 3,000 美元。他沒急，反而開始逢低吸納。那時我短暫當了他的助手，陪他渡過這段市場最低迷的時期。

我意外地發現，他每天只看盤半小時，既不看移動平均線，也不分析MACD。他的邏輯簡單得嚇人：「跌就慢慢買，高就慢慢走。」

有趣的是，那些在 Threads 上經常哀號「被割」的散戶，往往才是每天緊盯市場新聞、研究技術指標最勤力的一群人。真正致富的人，反而往往是那些懂得等待、保持

冷靜的人。

他曾經跟我說：「財富的本質不是賺錢，而是抓住時機的能力與等待時機的耐力。」這句話，我直到幾年後才真正懂。

四、2021年的收穫，與從不誇張的回報

他並不是什麼神級操作手。到了 2020 年「312 黑天鵝事件」那晚，BTC一夜暴跌超過 50%，他的信念沒有被動搖過。他說：「既然我當初相信，就不會在最恐慌時動搖。」

最後，2021年牛市來臨，BTC 再次升上 2 萬美元，他陸續出貨，將那幾年間的低買部位穩穩變現，重回富豪之列。沒有炫富，沒有勸人買幣，只有一句淡淡的總結：

「我人生第二個機會，來自 BTC。」

五、這篇文章不是叫你現在買幣

我寫這篇文章，不是叫你現在進場買 BTC，也不是要你去抄底哪一隻小幣，而是想讓你知道——人生致富，真的可能只需要兩個機會。

你不需要永遠快過市場、不需要日夜苦讀K線，也不需要時時刻刻「追新幣」。你需要的，只是一次能讓你翻身的機會，加上一顆夠堅韌的心，讓你在最寒冷的冬天依然相信春天會來。

你要有勇氣相信世界會改變，也要有耐力等那個轉變

發生。

就像我老闆説的那樣：「如果你曾經破產，你會知道，其實人生真正有價值的不是你賺過多少錢，而是你在谷底還能不能看得見希望。」

結語：平靜與準備，是下一次成功的前提

今天，無論你是因為投資失利、職場挫敗、人生困頓而感到沮喪，我想對你説：別急，下一個機會總會來。

只要你還保有清晰的腦袋、謙卑的學習心態、和不浮躁的耐性，你和那個機會之間的距離，可能只是一場時間的等待。

至於會不會是比特幣？也許不是。但機會，從來都只留給準備好的人。

19. 香港人，你有多危險？

如果你今天仍然認為：「我是香港人，本地出身，廣東話流利，讀過書、打過工，應該不難在這片土地上找到生存之道。」

那麼，我得老實告訴你：你真的是太天真了。

2020年之後，香港社會進入一個轉折點——政治局勢、人口流動、經濟結構、市場需求、資本規則，全都在重組。而最容易被波及、最被邊緣化的，恰恰是「覺得自己還可以靠過去」的那一群人。

一、與北上精英的無聲競爭

不久前，我與一位多年未見的老朋友飯聚。他目前在一家「8字頭」主板上市公司任職，是該集團老闆的核心幕僚之一，負責打理旗下的證券與資產管理公司（俗稱9號牌）。

我們談的不多，卻讓我感到無比震撼。他說：

「我已經是公司唯一的香港人了，身邊全部是北大、清華，還有哈佛、MIT回來的年輕人。」

他被留用，單純是因為「炒嘢能力強」，你懂的——市場直覺、操作節奏、港股市場的「老油條」。

二、你以為的薪金標準，別人根本不當回事

我們很多人還沉浸在那種「5萬蚊人工起步，才不虧

待自己」的標準價值觀裡。但他說：「一個港人要月薪五萬，但內地回來的，兩三萬就肯做，而且做得很好。」

你可能會說：「他們生活成本低、沒家庭要養，初出茅廬嘛。」

事實是，他們會寫Python、懂Bloomberg、熟Excel VBA，還通過CFA Level II，兼且沒怨氣、不喊累。」

這不是價格戰，這是維度戰爭。

三、你「累」嗎？人家根本不睡覺

朋友繼續說：「佢哋每日瞓3至4個鐘，日日返工，唔講work life balance。」（「他們每天睡3至4個小時，天天工作，不講work life balance。」）

聽起來很極端？但這正是他們拼命打進核心圈子的方式。

你可以選擇不這樣活。但當這種人越來越多，當僱主發現「我可以用一個不喊累的Harvard碩士取代一個要週末休息、準時打卡的港大本科」，你就會慢慢被邊緣化。

這不是你的錯，但也不是別人的錯，這是這個時代的結構性的選擇。

四、你還有競爭力嗎？

當我問他：「你們請Trader有什麼要求？」

他說：「要懂得Bloomberg、Algo、coding，而且入職前要考試。」

那一刻我只想埋單離場，因為我突然意識到，不是這世界拋棄了我們，是我們根本沒有跟上這世界。

曾經，語文能力是優勢、讀大學是稀缺、能說英語會寫報告就是辦公室精英，但現在，語言只是基本門檻；文憑只證明你沒落後太多；而最重要的，是你能不能創造出價值。

五、那還有希望嗎？

或許，你會說：「你講這麼多，只是在講困境，沒有講解決方案。」

我也認識一些仍然在努力轉型的朋友：

有人IT出身，考了水喉牌、電工牌，準備萬一失業也能轉行做工程維修；有人開補習社，轉做網上教學、社交媒體投放、開Udemy課程；有人從前做Marketing，轉學UX、Data Analysis，重新塑造履歷。

他們沒有抱怨，而是把危機當作轉捩點。因為「安全感」從來不是公司給你的，是你給自己的。

結語：給香港人的一段話

AI來勢洶洶，但也有人說，不是AI淘汰打工一族，而是懂AI的人淘汰了不懂AI的人。我們是幸運的一代，也是不幸的一代。

幸運的是，我們曾活在香港最繁華的歲月；不幸的是，我們親眼看見那些榮景漸漸退場。

你要知道，今天的你仍有選擇權：去學編程、去考專業證照、去提升語言能力、去打造第二收入來源。不是為了「轉型」，是為了「免疫」。

免疫於經濟低迷，免疫於單一職能，免疫於一紙履歷無法兑現的焦慮。若2026年真的如我們預測地進入大熊市，資產價格回落，到時候市場將會出現一波「打回原形」的機會。那些我們曾以為「貴得不可碰」的資產，包括Tesla、Nvidia，甚至Meta——都有可能出現重估空間。這些世界級企業，很多人在高位時「買不落手」，在谷底時卻可能變得便宜得驚人。

我會選擇在這時候好好地休息、觀察、儲現金，等熊市走完、泡沫出清、市場情緒冷卻下來，那時候才是價值浮現的時候。你不需要搶頭香，更不需要抄底成功。你只需要出手穩準，在「人棄我取」的時候慢慢買入，即已贏過市場七成的人。

一句話：If you can't beat them, just join them.

如果我們做不出第二個Tesla，做不出像Palantir那樣的大數據帝國，那我們就加入他們。利用市場錯價與時間換空間，在低谷時與巨頭結伴，在復甦時乘勢而起。

不是每一位有錢人都需要成為企業家，真正厲害的富豪，懂得在什麼時候出手，也懂得什麼時候躺平。不為博短線，而是穩坐中長線的王位。

這才是真正的實力。

如果未來三年真的迎來一波結構性洗牌，那就讓我們在風暴前，蓄好力量。

香港人，你還有選擇，只是你準備好了嗎？

20. 大戶一日的生活

說起大戶投資者的日常，大家一定好奇他們是不是除了睡覺之外，眼睛便注視著電腦熒幕，目不轉睛地盯著盤，看著市場消息，每分鐘幾十萬上落?並不是的。事實上，他們一天看盤的時間，甚至可能僅短至半小時，長則至1小時。

先簡略介紹前老闆Tony及Lewis的背景，他們在2017到2018年期間，投資回報翻了25倍，除了炒Bitcoin和其他虛擬貨幣外，還參與了不少ICO項目，即相等於股票的IPO項目，回報甚豐。

雖然前老闆Tony的投資，雖然並不如機構投資般龐大，但在當時，香港幣圈市場裡，他與小老闆Lewis一同由小本過百萬港元，經過投資虛擬貨幣ICO及各幣後，投資總額達至過億元，所以他們常常稱自己為「香港首幾個大的幣圈投資者」。

那麼究竟，兩位大戶老闆的一日投資生活是如何?

先說一下大老闆的日常：

早上：晨運

下午3時：回到公司吃下午茶，打開電腦盯盤、研究幣圈市場資訊及處理公司事宜，但真正看盤時間大概只有半小時至一小時。

傍晚：離開公司，與朋友或其他人Happy Hour。

另一位老闆Lewis，情況也差不多。

讀者可能會質疑，他們都是老闆，當然有你看不到他做事情的時候。但反正，他們就是一副從容不迫的態度，不會隨著幣市當天的起跌而有任何情緒的表現。

比起盯盤，更注重研究幣圈?

「大戶」的一日生活如此悠閒，但事實真的如我們所見，他們簡單地買入，便可以運籌帷幄地等賺錢?

不是的。他們比較注重各幣的發展，如甚麼時候上主網、可解決甚麼方案、對幣圈的影響和功用等等。

Tony 和Lewis兩人本身花較多時間在研究各幣的發展上，他們甚至聘請三大的大學生做兼職研究，了解各幣的潛力及前景，才加重注碼。

另外，他們又會做功課，專注計算挖礦的成果，而不是花時間緊緊地盯著盤上。

因為他們知道，牛市不是一日建成的。與其花時間在盤上，倒不如更專注在有利於投資的資料研究上。

而且，盯盤愈久的人，其實愈容易影響判斷適合時機的能力。究竟該買，還是該賣?

大部份人都知道，「你必須很努力，才能看起來毫不費力」，但努力也要花在正確的方向和領域上，以及進行多重實戰。

適當時機入市，耐心等待

2018年上半年左右，BTC幣價大概在3000至6000美元的徘徊了一段不短的時間，身邊玩幣的人更是幾個人也沒有。

雖然Tony已經是老手，但仍一如以往氣定神閒的樣子。我問Tony：「BTC真的有前景嗎?」

當時他回答：「其實是在乎你信還是不信的事情。」

到了2020年底，BTC價格已經到2XXXX美元，逼近30000美元時，我問Lewis：「你們手上還有BTC嗎?」

他回答：「我們在大升時已經賣光了。」

但這時候，網上不熟悉幣市的人，才開始喧嘩，才開始注意比特幣及幣圈，問比特幣究竟是甚麼東西?

只能説，Tony和Lewis有一半也是HODL的信仰者，(HODL是幣圈術語，即指對加密貨幣信仰充足，不理會市場短期升跌，長期持有某種貨幣而不賣出或使用。)

不論在任何投資市場，如果你想穩操勝券，只能買在低點，這是連大嬸也知道的事實，但實際能操作的人沒有多少個。

真正厲害的投資者並不是口裡喊著：「我每分鐘幾十萬上落」的人。而是他們像獵人一樣，懂得在低點便密密收集貨源，氣定神閒，等待一年、兩年，等待大牛市那一天的來臨，才是致富的關鍵。

看過一篇文章，內容主要説社會上的人分為五類：赤貧的人、窮人、中產階級、有錢佬和億萬富豪，每一種類型的人都有各自不同的金錢觀，很窮的人是以「天」為單位內思考金錢；「窮人」是以星期；「中產階級」就以月；有錢人是用「年」；「最有錢的人」是用10年為單位。

個人認為，即使不以10年為單位的投資思維，但至少也用月吧? 眼見不少群組谷友每分每秒盯實盤，其實這非常影響個人的判斷能力，甚至錯過了一個升浪。

賺粒糖，錯過了大浪

「遠離市場」並不是虛幣貨幣市場大戶獨有，更是眾多資深的大戶投資者的穩賺秘笈。散戶總是贏不了大錢，那是因為太貼緊市場。

筆者試過賺了50點的ETH而沾沾自喜，卻沒有想到ETH後來升500點。當時初出茅廬的筆者實在太驚嚇了。不過，汲取經驗後，下次也懂得保持耐性，希望藉此改掉投資只賺粒糖的命運。

曾經閱讀過專欄作家畢老林的文章《與股票機保持一定距離》，當中的投資黃金定律可謂跟前老闆殊途同歸，那就是遠離市場。

作者提到，2020年1月尾到2月中之間，美股Tesla大概升了20個交易日。但他也相信，不少投資者僅僅賺一波小盈利，而不是整個浪潮。他寫道：「有盤，又天天吼實股價的人，非常可能，只要股價靠近波動區域頂部，就平盤走人。就算有眼光，等到股價突破，一個月內升一倍，必然出乎多數人意料之外，時時吼實，更難抗拒中途落車的誘惑。」

散戶為何做不了大戶？除了資金少的問題外，最大的障礙是由於太貼近市場，影響了自己的情緒，總是讓賺大錢的機會流失。經常投資的你，多久看一次市場？

畢老林繼續在文中批評散戶賺得少的源由，「把握大浪，遠比賺粒糖就走人，然後又去找尋下一個好idea，經常出出入入的做法，划算得多。然而，沉迷短炒的人非常多，罪魁禍首多半因為太過留意市況的習慣。真正重要事情，不會每天都發生。經常留意股價，自然順帶留意無時無刻不在更新的市場消息，消息多，誘惑自然多，買賣動作頻繁，好盤守不住，做一個好trade，夾住三個爛trade，做多錯多，乃太貼市常有的問題。好似近日，市場極度反覆時，太貼市的做法，就更加麻煩。」

筆者有時看到谷友玩輪證或牛熊證，為了蠅頭小利而盯著盤不放；自己以前也玩過牛熊等衍生工具，即使有賺，但最後也倒輸給發行商。

有一次財經飯局，一位曾從事衍生工具發行商的人跟我説：「他們真的有程式，可以看到散戶偏重牛還是熊，想辦法吃掉他們就是。」

而玩期權的朋友占士跟我説過：「頻密的交易，勝算一定低。你的持倉量一定不大，好像打麻雀食雞糊一樣，賺的不多。」筆者深有同感。

股神獨家心得： 不要太盯緊市場

散戶該如何摒棄散戶的思維和動作？難道只是遠離投資

市場便可以獲利?不是的。就如同我炒幣前老闆一樣，大戶的思維更著重記錄及做研究。

畢老林在〈與股票機保持一定距離〉 的文章 中提到：「朋友有日憶述多年前加入一間日資證券大行，老闆頭一天就對班新人訓話，其中一句一直記住。當時這位部長講『想搵大錢，就唔好成日望實部股票機』。(想賺大錢，就不要整天看著股票機。)」

我看完這段也笑了，常常口裡說：「我每分鐘XX萬上落。」的人，這些人未必真的可以賺大錢。

投機天王Jesse Livermore曾經說過：「就如同做生意一樣，我不會讓小變化分散注意力，擾亂方向。我喜歡在一個能夠靜靜思考的地方。市場動態，我一直有記錄，真正重要的變化，不會一日就結束。遠離市場，反而能夠有足夠時間，讓我辨別出那些變化才真正關鍵。當我察覺到股價明顯偏離我記錄中已經持續一段時間的走勢，我就知道有料到，需要立刻採取行動。」

股神巴菲特也有句名言：「Don’t watch the market closely.」他選擇遠離嘈音滿佈的華爾街，搬離較遠的地方投資，大概也是這個原因。

最後，讀者可能疑惑，整篇文章怎麼都感覺老生常談一般？好像欠缺了投資的靈魂一樣?對，我想說的是膽色、具冒險的精神等。

21. 2026 美國星盤　黃康禧

在2026年，美國首都華府於3月20日早上9時50分太陽開始進入白羊戌宮，亦代表占星盤上的2026年第一季開始。

命宮落入雙子，這個風象變動星座，代表美國今季主要會圍繞着溝通、思維、理性、社交技巧、交流、調整。命主星水星飛入官祿宮合火星及北交點，代表美國會受火星的激烈、暴躁影響，而這個影響表示會出現分裂，同時受到莉莉絲來刑，暗示著政府或白宮發言人因失言或思維失常，而令社會原本內在的問題出現分裂、動盪或衝突。在投資市場上，五宮金星飛入十一宮合月亮，受到二宮木星相刑，意味著股市上會出現負面性增長或膨漲，這樣的增長會令人感到不安，而且多數會出現在大型公司機構，甚至國企、藍籌；或者這樣看，大公司或企業開始出現用機械或人工智能去代替員工，所以會出現失業率上升，但股市不太受影響；如果想投資，可以考慮美容、服裝設計行業，甚至大膽一點，可以考慮一些ETF或藝術品。

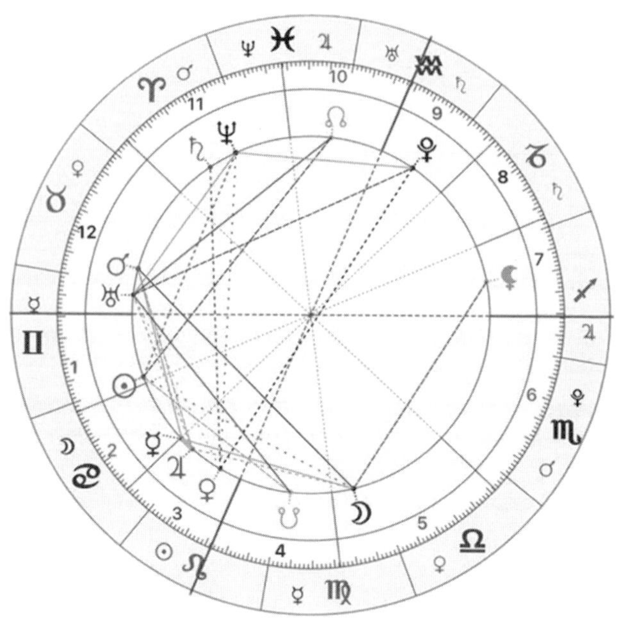

在2026年，美國首都華府於6月21日零晨3時25分太陽開始進入巨蟹未宮，亦代表占星盤上的2026年第二季開始。

命宮依舊落入雙子，代表在這一季內，美國還是會圍繞着溝通、思維、理性、社交技巧、交流、調整，命主星分別飛入三宮，意味著這一季的調整會圍繞著通訊傳播、通訊網絡、社交媒體、IT、會計、國內貿易及建築行業等。水果星入三宮合天王星、月亮、火星及木星，代表整個夏季在以上行業會帶來正面的突發影響，例如有新的科技產品或服務對民生帶來好處，加上金星同樣落入三宮。整體來説今個夏季IT股、科技股、電訊股及運輸股等，都會有上升趨勢，加上今屆世界盃在美國西岸有份舉辦，同樣暗示著國內本土消費能力有好轉，但是偏向慢性增長，因此可考慮在上一季開始買入以上股票。

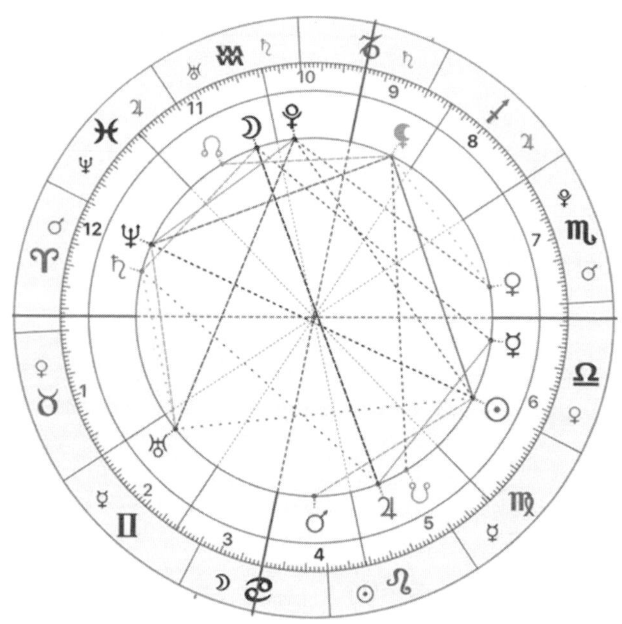

在2026年美國首都華府於9月22日晚上7時06分太陽開始進入處女巳宮，亦代表占星盤上的2026年第三季開始。

第三季命宮落入白羊尾，但大部份在金牛，代表在這一季內，美國會考慮自身本土價值、房地產及經濟問題，命主星分別飛入四宮及七宮；火星入四宮與太陽相合，代表整個秋季國土問題及房地產有明顯的變化，甚至是會被公開，但並非壞事，所以房地產是可以考慮；而命主星入七宮，亦代表美國會重新審視與各國合作之間關係及關稅，審視歸審視，但始終不是美國本身會首要處理。在投資方面都會是以保守為主，例如基本的大公司或國企股票會比較好，科技及能源股反而不太建議，虛擬貨幣方面，新手可考慮入場小玩，但外滙、海外公司股就不宜新手入場；加上太陽受到海王星相沖，及同時受莉莉絲相刑，在某一個層面來説，美國政府部門或偉大的總統會再一次「嗨大咗」，或者又再一次神經失常，在海外貿易、外交關係或公開發言出現瘋人瘋語，因此大家不要太過緊張。

在2026年美國首都華府於12月21日下午3時51分太陽開始進入摩羯丑宮，亦代表占星盤上的2026年第四季開始。

命宮再一次回歸於入雙子，代表在這一季內，美國經過上一季的外交或公開發言的瘋人瘋語，會再一次對海貿或外交作出改變或調整，命主星分別飛入七宮及十二宮，意味著這一季的改革會圍繞著對中國的海貿進行打壓，與其説是打壓，更加像一個小孩借用貿易差作為道具去跟人吵吵鬧。水星入七宮合太陽合三宮南交，而太陽受十一宮海王星相刑，代表整個冬季看著小朋友在吵鬧；但對經濟或股市不會有太大的影響，如果硬要説的話，都只是關稅或海外貿易問題，正所謂「你有張良計，我有過牆梯」

，加上冥王星雖入九宮，但與天王星及月亮合，代表第九宮：貿易、高等教育、代購，玄學宗教、物流等會出現涅槃重生的改變，而且這些會改變是暗地裡發生；亦由於會與四宮相刑，意味着國內會出現壓力。如果想投資，可以考慮美容、服裝設計行業，甚至大膽一點，可以考慮一些ETF或藝術品。

美股 CRYPTOS 通勝 2026

作　　者：王小琛

出　　版：香港財經移動出版有限公司

地　　址： 香港柴灣豐業街 12 號啟力工業中心 A 座 19 樓 9 室

電　　話：（八五二）三六二零 三一一六

發　　行：一代匯集

地　　址：香港九龍大角咀塘尾道 64 號龍駒企業大廈 10 字樓 B 及 D 室

電　　話：（八五二）二七八三 八一零二

印　　刷：培基印刷鐳射分色公司

初　　版：二零二五年六月

如有破損或裝訂錯誤，請寄回本社更換。

免責聲明

本書僅供一般資訊及教育之用途，並不擬作為專業建議或對任何投資計劃的具體推薦。本書的出版商、作者以及參與創作本書的任何其他人士、機構於提供的信息的準確性、可靠性、完整性或及時性不作任何陳述或保證。金融市場瞬息萬變，本書的信息隨時發生變更，我們不能保證讀者使用時是最新的。

我們已竭力提供準確的信息，對於因提供的信息中的任何錯誤、不準確之處或遺漏，或基於本書中提供的信息而採取或不採取的任何行動，我們概不負責。讀者有責任自行研究並在進行投資計劃之前自行評估核實。本書的出版商、作者對因使用本書中提供的信息而可能導致的任何損失、不便或其他損害概不負責。

PRINTED IN HONG KONG

ISBN：978-988-76534-0-0